香江哲学丛书

丛书主编 黄 勇 王庆节

道德愚人

置身道德高地之外

Hans-Georg Moeller

［德］汉斯-格奥尔格·梅勒 著

刘增光 译

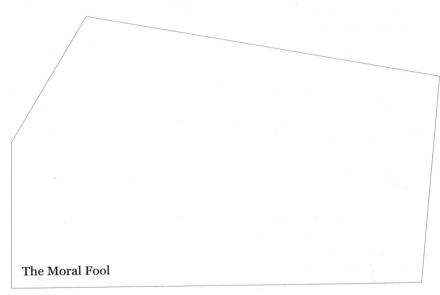

The Moral Fool

A Case for Amorality

中国出版集团

东方出版中心

图书在版编目（CIP）数据

道德愚人：置身道德高地之外 / （德）汉斯-格奥尔格·梅勒著；刘增光译. —上海: 东方出版中心, 2023.3

（香江哲学丛书 / 黄勇, 王庆节主编）

ISBN 978-7-5473-2140-9

Ⅰ. ①道… Ⅱ. ①汉… ②刘… Ⅲ. ①道德社会学—研究—中国 Ⅳ. ①B82-052

中国国家版本馆 CIP 数据核字(2023)第 008797 号

道德愚人：置身道德高地之外

著　　者　[德] 汉斯-格奥尔格·梅勒（Hans-Georg Moeller）
译　　者　刘增光
丛书策划　刘佩英
责任编辑　黄　驰
装帧设计　周伟伟

出版发行　东方出版中心有限公司
地　　址　上海市仙霞路 345 号
邮政编码　200336
电　　话　021-62417400
印 刷 者　山东韵杰文化科技有限公司

开　　本　890mm×1240mm　1/32
印　　张　7.125
字　　数　155 千字
版　　次　2023 年 4 月第 1 版
印　　次　2023 年 4 月第 1 次印刷
定　　价　68.00 元

总　序

　　《香江哲学丛书》主要集录中国香港学者的作品，兼及部分在香港接受博士阶段哲学教育而目前不在香港从事哲学教学和研究的学者的作品，同时也集录与香港邻近并在文化上与香港接近的澳门若干大学哲学学者的著作。

　　相对于内地的城市来说，香港及澳门哲学群体较小。在由香港政府直接资助的八所大学中，实际上只有香港中文大学、香港大学、香港浸会大学和岭南大学有独立的哲学系；香港科技大学的哲学学科是其人文社会科学学院中人文学部的一个部分，而香港城市大学的哲学学科则在政治学和行政管理系；另外两所大学——香港理工大学和香港教育大学，虽然也有一些从事哲学教学和研究的学者，但大多在通识教育中心等。而且即使是这几个独立的哲学系，跟国内一些著名大学的哲学院系动辄六七十、七八十个教员相比，规模也普遍较小。香港中文大学的哲学系在全港规模最大，教授职称（包括正教授、副教授和助理教授）的职员也只有十四人，即使加上几位全职的高级讲师，也不到二十人。岭南大学是另一个有十位以上哲学教授的大学，其他几所大学的哲学教授的数量都是个位数。相应地，研究生的规模也不大。还是以规模最大的香港中文大学为例,硕士和博士项目每年招生加起来就是十个人左右,其他学校则要少很多。

当然这并不表示哲学在香港不发达。即使就规模来说,虽然跟内地的大学无法比,但香港各高校的哲学系在国际上看则并不小。即使是在(至少是某种意义上)当今哲学最繁荣的美国,除了少数几个天主教大学外(因其要求全校的每个学生修两门哲学课,因此需要较多的教师教哲学),几乎没有一个大学的哲学系,包括哈佛、耶鲁、普林斯顿、哥伦比亚等常青藤联盟名校成员,也包括各种哲学排名榜上几乎每年都位列全世界前三名的匹兹堡大学、纽约大学和罗格斯大学,有超过二十位教授、每年招收研究生超过十位的,这说明一个地区哲学的繁荣与否和从事哲学研究与教学的人数多寡没有直接的关系。事实上,在上述一些大学及其系科的世界排名中,香港各大学哲学系的排名也都不低。在最近三年的 QS 世界大学学科排名中,香港中文大学哲学系都名列亚洲第一(世界范围内,2017 年排 30 名,2018 年排 34 名,2019 年排 28 名)。当然,这样的排名具有很大程度的主观性、随意性和多变性,不应过于重视,但至少从一个侧面也反映出某些实际状况,因而也不应完全忽略。

香港哲学的一个显著特点,同其所在的城市一样,即国际化程度比较高。在香港各大学任教的哲学教授大多具有美国和欧洲各大学的博士学位;在哲学教授中有相当大一部分是非华人,其中香港大学和岭南大学哲学系的非华人教授人数甚至超过了华人教授,而在华人教授中既有香港本地的,也有来自内地的;另外,世界各地著名的哲学教授也经常来访,特别是担任一些历史悠久且享誉甚高的讲席,如香港中文大学哲学系每个学期或至少每年为期一个月的唐君毅系列讲座,新亚书院一年一度的钱穆讲座、余英时讲座和新亚儒学讲座;在教学语言上,除香港中文大学的教授可以自由选择英文、普通话和粤语外，其他大学除特殊情况外一律用英文授课，这为来自世界各地的学生在香港就读，包括就读哲学提供了方便。但更能体现这种国际化的是香港哲学教授的研究课题与世界哲学界直接接轨。

香港哲学研究的哲学传统主要包括中国哲学、分析哲学和欧陆哲学，其中香港中文大学在这三个领域的研究较为均衡，香港大学和岭南大学以分析哲学为强，香港浸会大学侧重宗教哲学和应用伦理学，而香港科技大学和香港城市大学虽然哲学项目较小，但突出中国哲学，即使很多学者的研究是跨传统的。以中国哲学为例，钱穆、唐君毅和牟宗三等缔造的新亚儒学传统将中国哲学与世界哲学，特别是西方哲学传统连接了起来，并得到劳思光和刘述先先生的继承和发展。今日的香港应该是世界上（能）用英语从事中国哲学研究的学者最多的一个地区，这些学者中包含那些主要从事分析哲学和欧陆哲学研究的，但也兼带研究中国哲学的学者。这就决定了香港的中国哲学研究大多具有比较哲学的特质：一方面从西方哲学的角度对中国哲学提出挑战，从而促进中国哲学的发展；而另一方面，则从中国哲学的角度对西方哲学提出问题，从而为西方哲学的发展作出贡献。相应地，香港学者对于分析哲学和欧陆哲学的研究，较之西方学者在这些领域的研究也有其特点和长处，因为他们在讨论西方哲学问题时有西方学者所没有的中国哲学传统可资利用。当然也有相当大一部分学者完全是在西方哲学传统中研究西方哲学的，但即使在这样的研究方式上，香港哲学界的学者，通过他们在顶级哲学刊物发表的论文和在著名出版社出版的著作，可以与西方世界研究同样问题的学者直接对话、平等讨论。

香港哲学发达的另一个方面体现在其学院化与普及化的结合。很多大学的一些著名的系列哲学讲座，如香港中文大学新亚书院每年举办的钱穆讲座、余英时讲座、新亚儒学讲座都各自安排其中的一次讲座为公众讲座，在香港中央图书馆举行。香港一些大学的哲学教授每年还举办有一定主题的系列公众哲学讲座。在这些场合，往往都是座无虚席，到问答阶段，大家都争相提问或者发表意见。另外，还有一些大学开办自费的哲学硕士课程班，每年都有大量学生报名，这些都说明：香港浓厚的哲学氛围有很强的社会基础。

由于香港哲学家的大多数著作都以英文和一些欧洲语言出版，少量以中文出版的著作大多是在台湾和香港出版的，内地学者对香港哲学家的了解较少，本丛书就是要弥补这个缺陷。我们希望每年出版三到五本香港学者的哲学著作，细水长流，经过一定的时间，形成相当大的规模，为促进香港和内地哲学界的对话和交流作出贡献。

王庆节　黄勇

2019 年 2 月

中文版序

　　《道德愚人》写于几年之前，那时我还在加拿大生活与工作。写这本书是想要讨论在我看来当今世界上存在的一个问题：日益膨胀的道德主义。这本书在某种程度上是从道家哲学的视角来解析这一问题的。现在这本书的中文译本行将面世，我很高兴也很荣幸，很期待该书中文译本面世后能获知读者是否会真正欣赏另一种（有时是被忽视的）"中国思想"与当代的相关性。非常感谢中文译者刘增光以及东方出版中心，是他们使这本书的中文译本出版成为可能。

　　可以说，较之于《道德愚人》英文版出版之时，道德观念的含混暧昧在今天日益明显了——至少在西方是这样的。以前人们所认为的"政治正确"（political correctness），先是变成了"身份政治"（identity politics），接着又变成了"道德信号释放"（virtue signaling），*而最近，又变成了"警醒文化"（wokeness culture）或者说是"抵制文化"（cancel culture），甚至有一个专门用来描述这种现象的中文词语——"白左"。

---

* virtue signaling，直译当为"道德信号释放"，其含义是指在社交媒体上以发表某种言论来显示自己站在道义的一方，其本质是一种道德表演。——译注（以下脚注 * 均表示为译者注）

尽管这个词饱受争议，且不能精准概括。这些术语中的大部分在我写作《道德愚人》的时候尚未产生，但是它们所表达的大多契合了本书中所贯穿的一个基本思想：道德观念并不全然就是好的，它也有着明显的、重大的"负面效用"。它会引发社会撕裂与极限，在个人层面上则会表现为虚伪、原教旨主义或者狂热。《道德愚人》揭示出这种"负面效用"并不是偶然的，因为道德观念在本质上就是复杂的，具有潜在的危险性。

现在所流行表达的"警醒文化"或者"道德标榜"都表明了《道德愚人》中核心的哲学观念：道德为一种公共演示、一种交流方式。这一观点通常与关于道德的观念有所不同。传统哲学家如亚里士多德和孔子，都将道德视为一个人的性格、品格，其他功利主义思想家则将道德视为行为的属性，还有的哲学家如康德则将道德作为哲学赖以建立的特定原则。但是，《道德愚人》旨在论证，道德首先是对他人的一种判断，这种判断就像现在很多网民所进行的"道德信号释放"，往往是非常简化而又武断的，目的不是去真正理解那些被评判的人，而是旨在使这一判断以光明伟大、正确积极的形象出现。

在一般情况下，过度的道德评判并不会产生正面的效应。例如，过度道德化的记者会对事实失去鉴察，过度道德化的政治人物会招来他人的仇恨，过度道德化的父母会与子女变得情感疏离。西方哲学家如尼采等便对人们深信道德之善的天真信念深感怀疑。而在此之前，中国古代的《庄子》就已有表述："皆知非其所不善，而莫知非其所已善者，是以大乱。"（《胠箧篇》）

梅勒　于中国澳门

2021 年 10 月

目　录

导　言

为善是不是好的?

很明显，伦理是不可说的。

——维特根斯坦，《逻辑哲学论》，6：421

　　凡是你所能想到的正义、公正、自由、解放、平等、人权这些美好的道德价值，几乎都为史上发生过的政治清洗、宗教战争或种族净化起过合理化、修饰化乃至鼓舞过的功用。历史上的罗伯斯庇尔（Roberspierre）、希特勒（Hitler）、波尔布特（Pol Pot）都以道德之名义去这样做过。当人们相互残杀，尤其是这种残杀以大规模、有组织的方式进行时，道德观念（ethics）往往是他们所高扬的旗号。如果你认为这个人是恶的而你是善的，那杀一个人就会变得更容易些。当然，道德观念的拥护者会说："好吧，没有道德价值能免于被滥用。"但什么又是滥用？一把斧子可以用来砍削橡树，以建造一座足以在大冬天御寒的房屋；可以用来敲碎一个攻击你家人的罪犯的头盖骨；可以用来砍掉一个被判处死刑的人的脑袋；可以用来刺杀一位专制的暴君；可以用来杀死在战争中面对的敌人；可以用来闯入富人的房屋；可以用来折磨恐怖分子；可以用来进行致命的报复。对斧子的使用和滥用是从何开始的？使用一个工具和滥用一个工具的规则又是什么？谁来定义这些规则，定义者又在什么时候使用这些规则？道德（morality）就是一件利器。但与斧子不同，道德不能将东西劈成两半，却可以将人划分成两种类别：善与恶。它是一种具有修辞的、心理学上的、社会性的器具。说它可以被使用和被滥用时，即是在说：不是枪杀了人，而是人杀了人。我不认定这样的逻辑。斧子和枪并不是"无辜的"。无辜和有罪的类别区分并不适用于器具。

这本书当然不是说要废除道德！这样就和说要禁止使用斧子（枪支或者其他东西）没什么两样了！但是这本书是在质疑通常人们所持有的信念——道德本身是个好东西。然而它并不是。相较于斧子和枪来说，道德并不比它们好多少。我的主要议题是，是谁说道德是好的？为什么人们会这样说？道德又是如何被运用的？以及，对这些问题的回答能否表明道德本身是好的？善与恶有什么不同，以及哪种善恶区分才是道德的？

道德之善通常无可置疑。但是说道德是善的，以此证明对善、恶的区分是善的而不是恶的，这不等于是循环论证吗？何以道德上的善可以作这样的区分？[①] 如果是，那么道德之善就是在自相矛盾地证明自身——或者说是自明。我认为通过历史上的人物罗伯斯庇尔、希特勒、波尔布特的所为就已经充分证明，道德既不必然是善的，也并非显然就是善的。

而反过来说道德是恶的，这也同样荒诞。这就像说斧子或枪本身是恶的一样荒诞不经，与认为"是枪杀了人，不是人杀了人"一样可笑。

---

① 对于道德的批评，尼古拉斯·卢曼（Niklas Luhmann）已或隐或显地在多处提出来了。例如，其所著《道德与伦理的社会学》，载《国际社会学》（International Sociology）Ⅱ.Ⅰ（1996年3月），第27—36页。

一个命题的荒诞性，并不能证明它的反面就必然是正确的。斧子或者枪不是无辜的，也并不意味着它们就是有罪的。这些范畴在此是不适用的。

在此我要论证的是，一个人不能说道德是善的或者是恶的。类似地，一个人也不能说斧子或者枪是善的或者恶的。我怀疑这样一种普遍的伦理价值判断的基本合法性是否成立。但是我的论证不仅仅是虚无主义的。我也想证明，道德或者说伦理（ethics），是危险的，故对它多加注意和留心更为明智。我之所以这样说，是因为这一点常常被人忽视。在我的专业领域——哲学领域中，近些年来对伦理学的兴趣正在日益升温，而整个社会也是如此。如果你想要获得一份哲学教授职位的工作，现在最好专攻伦理学（ethics）：在伦理学的历史上，应用伦理学、商业伦理学、生命伦理学、性别伦理学——这个名单一直在增长。伦理学正在成为时尚。政坛和大众传媒都关注伦理，甚至当今的经济也应当考虑伦理问题。所有这些，都假设了，伦理学在伦理道德的意义上是善的。

我认为伦理道德在伦理的意义上并不是善的，或者说是好的。我不相信本然或固有的善或者恶。但是我相信当某件器具完美地发挥作用时，谈论对它的滥用是无意义的。正如一把斧子砍木头与砍脑袋一样很锋利，道德既可以用来帮助人也可以用来杀人。斧子是用来做什么的？说它可以被滥用是说它出于某种原因在人的心灵中是要用来做好事的，但是后来有人发现它同样可以用来做坏事。这是没有意义的。"发明"——后来在某种情况下被邪恶的暴徒滥用和变坏了的——伦理（ethics），其背后的善的意图是什么？一件器物本身不存在好坏，不论是社会性的还是机械性的。善与恶总是出于评判者的判断，是为评判者判定其归属的。而斧子本身并不存在本然的善或恶——同理，伦理道德也是如此。

就像一把斧子一样，伦理道德既可以被视作好的，也可以被视作坏的。显然，一个评论者可以决定一件器物是出于善地使用了还是出于恶地使用了。但是这样的一个判定并不必然使伦理道德被判定为绝对的好或坏。因为，在我们生活的社会，指出相反的一面是很重要的，换句话说，我们有着同样的理由，可以说伦理道德是坏的。因此，减少伦理道德的使用，可能显得更为明智。当然，这样的说法也同样适用于斧子或者枪。

但是说伦理道德是坏的，不同样是悖论吗？不作任何肯定声明，这本身不就是一个伦理命题吗？在开首所引用的维特根斯坦《逻辑哲学论》的句子，表明伦理学是不可言传的——因而也以类似的方式呈现为悖论。一个人怎能说出某种不能说的东西？维特根斯坦在他的"关于伦理学的讲演"①中更加详细地讨论了这个问题。他的基本论证是，如果一本关于伦理(ethics)的书——以诗的语言写就——是有可能的，那么所有其他的书都将会被"爆炸"式摧毁。如果定义什么是真正的善，这是确实可能的，那么还有什么其他的意义有待言说？这将会揭示这样一个真理：其他事情都无关紧要。但是，维特根斯坦解释说，有意义的语言是不能展现这样一个超人的任务的。有意义的命题是与事实相对的，而基本的伦理命题不是事实性的，而是理念性的。故而在维特根斯坦看来，试图伦理地去言说，就是试图要超越有意义的语言的限定范围；就是要试图超越语言的边界之外。我们可以说，有一条路通往伦敦，但是不能说这就是正确的路。不能在绝对的意义上将意义附着在

---

① 最初以"维特根斯坦关于伦理学的讲演"(Wittgenstein's Lecture on Ehics)为题发表于《哲学评论》(*Philosophical Review*)74(1965 年)，第 3—12 页。该讲演于 1929 年或 1930 年在剑桥大学举行。

路的正确性上。维特根斯坦论证说,同样,伦理命题也超出了事实性的语言意义。[①]

对维特根斯坦而言,以真正伦理学的方式来使用"善""恶"的术语[*],是在以一种绝对的方式来使用。说这个人是善的——"善"是非常强的道德意义上的——与说这是善的或者这是通往伦敦的正确道路,是非常相似的。对维特根斯坦来说,对"好""坏"术语的非道德化使用[**],是"相对的"。我们可以说:这个人是一个好的运动员,或者这个人是一位好母亲,这个人是一个好的朋友。但是这并不意味着我们对这个人作出了绝对的道德判断。她对我们来说是一位好母亲——但是这并不排除她是一个罪犯的可能。你在运动中表现得很好意味着你可以赢得比赛,在学校里表现好意味着你获得了好成绩。所有这些对"好"(good)这个术语的使用,都不是道德意义上的。我们从其中也看不出来,在比赛中获胜或者在学校里获得好成绩就比没有获胜或者没有取得好成绩——在道德上——更可取。对"好"这个词的道德性使用仅仅是许多其他可能的用法中的一个。对"好"的道德化使用的一个问题是,会导致非常普遍性的论断。而这从来不能说明某个人在谈论的一件事物有什么特别的好。

不论是人还是事,都不纯然是好的或者坏的。他(它)们常常对有些人来说是好的,但是对其他人来说则是坏的。当我说伦理道德不是好的时候,我的意思是,我是在某个具体特别的情况下说的,而不是在普遍的意义上说。例如,一个伦理道德的(ethical)心态在心理学意义

---

① 维特根斯坦讨论了与认识论(甚至本体论)上的对/错(真/假)相关的善/恶分别。维特根斯坦认为关于此类区分的绝对判断是不可能的,我同意他的这个观点,但是我在本书中的论证主要是针对道德问题的。

* 此处的善恶,亦可译为好坏。

** amoral use,亦可译为"去道德化的使用"。

上可以是不令人快乐的。一件关于艺术的伦理作品可以是令人厌烦的，一种道德哲学可以是荒诞不经的。一场道德战争会导致屠杀和许多人的伤残，而这些人并不想被杀或者变成残疾人。一个道德试验在法律上可能是有问题的，等等，如此之类。在此意义上，伦理思想、道德文学、道德哲学、道德战争和道德正义可以被视为坏的，但是这并不意味着它们就是不道德的或者邪恶的（immoral）。或许，战争、试验和文学作品在道德上可以被人所欣赏，或者是正义的，但是，在非道德的意义上（in an amoral sense），这种伦理的善（goodness）并不必然可以转译为所有具体情境中的善。对一个杀人狂的合法处死在道德上是正义的——但是这对于行将就刑的人未必在实际上就是好的，对社会和法律系统而言也是如此。很可能，如果不使用道德上的正义式惩罚，对罪犯来说会有一大堆好处和优点，对社会整体和法律系统而言也有可能有着更多的益处。

　　我的立场可以贴上"不可知论"的标签。这种立场是说，我们无法最终知晓伦理道德究竟是好的还是坏的。略带些诗意地说，这种立场是"道德愚人"（moral fool）的立场。我从道家哲学和禅宗那里提取了这一形象——我的整体立场也是如此。但是我的立场也能从现代学人那里找到依据，尤其重要的是德国社会学家尼古拉斯·卢曼。当我们要批评伦理道德时，还有许多其他的现代西方思想家可以引以为鉴，其中就有英国作家约翰·格雷（John Gray）。随着论述的展开，我会提及他还有其他人。在此，我一开始就想要说明，道德愚人不是一个原教旨主义者（fundamentalist）。如果有人认同说，吸毒并不必然是一件好事情，这并不必然意味着他们认为所有的大麻都必须销毁或者说他们从来没有吸食过。他们仅仅是认为大麻具有潜在的危害性，如果有人要选择吸食大麻必须非常小心。就伦理道德方面而言，对非道德的人

(amoral person)＊来说也是如此。

道德愚人只是不理解为什么伦理（ethics）必然就是好的。他不知道道德观点是否完全是好的。这并不代表他完全不作道德判断。在我看来，道德愚人在很多时候与大多数人并没有什么不同。很多时候，我们既不用道德术语来思考，也不用此来说话，即使我们这样思考了，这样说了，我们也常常并不完全确定到底什么是道德的，什么是不道德的。我主张，道德愚人根本不是一个模范或者理想的人；他不是被倒置的道德英雄。做一个道德愚人也是非常普遍的，我的观点是这不存在任何问题。事实上，我觉得，当我们试图克服我们的道德愚蠢时，这个问题就常常会出现。因此，书写此书是为了为道德愚人作辩护，是为了推阐道德愚痴（moral foolishness），宣扬其价值。

我认为伦理道德不可以被认定为本身就是好的或者坏的。但是这不代表我们——此处也包括我自己在内——对于我们认为什么是好的或者认为什么是坏的不作区分。但是，就像道德愚人一样，我不认为这种区分就必然是一件好事。而且，我认为大多数关于好和坏的区分是非伦理的（nonethical）或者非道德化的（amoral）。伦理区分，在我看来，是区分好坏的一种极端形式。因而，正如极端所具有的一般特征那样，伦理区分是非常危险的。要论证某物是潜在危险的或者有害的，我相信，这不必然是一种道德主张——我不是在伦理的意义上说的。例如，说使用斧子或者枪是危险的并不意味着它们就是邪恶的器具，也不意味着使用它们的人是邪恶的人。我甚至认为，使用这些危险工具的人也并不是邪恶的。但是，他们可能是罪犯或者精神上有问题，因此，他们应当被禁止使用这些工具，或者如果他们可以使用的话，也必须获

＊ 本书中的"非道德"，意为与道德无关，而非无道德或反道德。

得批准。类似地，我认为，对道德的危险有害地使用也不必然就是邪恶的。但是我会反对这样的观点，即认为以危险和有害的方式使用这种交流工具的人就是有罪的或者在精神上有病。

消除好、坏之间的区分，会显得非常荒谬可笑。但是这并不意味着这种区分就总是一种伦理上的区分。甚至也不能说这意味着，诸如此类的区分是好的或者坏的。我想论证的是，在非道德的意义（in an amoral sense）上使用好坏的区分，在危险性上会降低，因而在潜在的危害性上也会很小。我试图说明，当伦理范畴充斥于整个社会时，尤其是在许多情况下可以不使用伦理范畴时，会产生哪些种类的具体害处。

或许，伦理的两个最重要替代物是"爱"（love）和"法"（law）。但是这些词总容易遭人误解。所以我举出许多例子来阐述在自己的论证中我是如何来使用这二者的。最早涉及爱与法的文献，据我所知，是古希腊悲剧作家索福克勒斯所写的《安提戈涅》（Antigone）。这部剧中描写的关键冲突是：忒拜城的年轻人波吕涅刻斯，在一次攻打自己家乡忒拜城的战斗中被杀。忒拜城的僭主克瑞翁发布命令说，给予叛徒以正式的安葬是非法的（要判处死刑）。但是，波吕涅刻斯的妹妹安提戈涅并没有遵从法令，而是安葬了自己的哥哥。正如黑格尔（G. W. F Hegel）在他的《美学》中所说："在对哥哥虔诚的爱中，她完成了神圣的安葬义务。"①

对这个故事的最著名的哲学分析莫过于黑格尔在《精神现象学》中的分析了。在黑格尔的分析中，他使用这个故事来说明的观点和我的观点相反。但是在他看来，这个故事描述的不是道德的"解药"，而是在安提戈涅所表现出来的伦理（ethics, Sittlichkeit）和克瑞翁现出来的

---

① 黑格尔：《黑格尔的美学：关于好的艺术的讲演》（Hegel's Aesthetics: Lectures on Fine Art），T. M. Knox译（牛津：牛津大学出版社，1975年），Ⅰ，第464页。

道德(morality，*Moral*)之间的"对话"，这是两种道德规范体系之间的"对话"①。但是，仔细阅读黑格尔对安提戈涅的叙述立场之后，我们会发现在他的解释中有着某种含混性。我支持对这个故事进行非道德化的解读。吊诡的是，有人也同样会将这种解读立场归本于黑格尔，如瓦尔特·考夫曼(Walter Kaufmann)对此就有过精彩的解读："(黑格尔)意识到，在埃斯库罗斯和索福克勒斯伟大的悲剧作品的中心，我们看到的不是悲剧的英雄，而是悲剧的冲突，这种冲突不是善恶之间的冲突，而是双方各处一端，每一方都有善的地方。"②与此相一致，我喜欢阅读《安提戈涅》，主要不是把它看作在两种道德体系之间的冲突，而是看作两种最原初的非道德视角之间的冲突。

在我看来，《安提戈涅》主要想表达的，并不像黑格尔在《精神现象学》(*Phenomenology of Spirit*)中所说的那样，是女性服从于神圣的法律，而是像他在《美学讲演录》中所说的那样，是妹妹对哥哥的爱③。这与安提戈涅发现她哥哥的行为在道德上是否可以为人接受完全没有关系。她安葬了哥哥，不是因为她赞许他所做的，而是出于自己作为妹妹的兄妹挚情。这种意义的爱正是我在此所关注的，这种爱与通常的对"爱"这个词语的使用，既不同于无条件的基督教式泛爱，也不同于两性之间的激情之爱。安提戈涅不是一个基督徒，她对哥哥所做的一切，是

---

① 参看笔者在第二章中关于伦理(ethics)与道德(morality)差异的论述。（其实是该书的第一章而不是第二章。——译注）

② 瓦尔特·考夫曼：《黑格尔的悲剧观》(Hegel's Ideas about Tragedy)，载《黑格尔哲学新探》(*New Studies in Hegel's Philosophy*)，W. E. Steinkraus 编（纽约：Holt, Rinehart and Winston, 1971 年)，第 202 页。

③ 我完全不同意黑格尔在《精神现象学》中对伦理和道德的性别主义分析，他在书中说："本性，而不是外在环境或主体选择，使得一种性别服从于某个法则，而另一种性别则服从于另外的一种法则。"黑格尔：《精神现象学》，A. V. Miller 英译（牛津：牛津大学出版社，1977 年)，第 280 页。

不会对其他人做的。她也不是与哥哥"相爱"，感到有（性方面的）激情。基督教的爱倾向于高度道德化，这可以通过一句宗教教义来窥知：爱你的邻人。安提戈涅并没有遵循什么神圣的宗教教义。激情之爱一般也是与道德无关的（但是它却容易成为不道德的）。激情之爱的问题在于，如果它不是反常的病态的，总会有一个期限。"疯狂的爱"一般（幸运的话）就仅仅是一种短暂的身心状态。安提戈涅对哥哥的爱当然不是这二者中的任何一种。

克瑞翁当然没有感情用事——或者说，至少，他的情感也是与此无关的。他所担负的角色，其职责就是要维持社会秩序。因此，他就不得不忽视个人的考虑。他并没有将安提戈涅当作一个邪恶的人，而看作触犯了城邦法律的人。安提戈涅与哥哥的关联，与克瑞翁从道德上怎么看安提戈涅完全没有关联。作为施行法律的人，他不会考虑安提戈涅个人的品性。他必须通过惩罚安提戈涅使人们明白，如果忒拜城要存留下去的话，那么对城邦的叛逆和不忠就不可被宽恕。

因此，《安提戈涅》所展现的并不是两种道德之间的冲突，而是在非常态情况下两种非道德情形（amoralities）的并存，而这种并存是不能共融的。这两种非道德情形或多或少都是符合道德的。不存在其中一者高于另一者的状况。我们不能在任何普遍的意义上去衡量二者，认为其中的哪一个在伦理道德上更好。这就是《安提戈涅》的悲剧性所在：它不是一场关于道德冲突的悲剧，而是关于非道德化的困境的悲剧，此非道德的困境无法得到"正义的"解决。这个故事描述的不是道德的无所不能，而是道德在这种情形下的无能为力。同样，它展现的不是两种非道德视角的鸡肋，而是这两种视角各自都有立足之点。

道德既不能帮助克瑞翁，也不能帮助安提戈涅解除困境。但是他们之间冲突的发生仅仅是因为都处在了一种极端的情境下。在日常生活中,克瑞翁和安提戈涅二人的非道德都在起作用。正如考夫曼所说,他们都是善的——但是不是在"善恶"之"善"的意义上。他们都不完全是绝对的善、绝对正确或者正义的——这就是为何他们通常在小冲突中可以并存的原因。当存在冲突时,就有转化成戏剧性的或悲剧性的可能,因为这种冲突无法从道德那里得到解决。这就是为什么索福克勒斯没有说安提戈涅错,也没有说克瑞翁错的原因。对于安提戈涅来说,如果她作为一个有爱的妹妹而不去爱自己的哥哥(即使他在道德上有缺陷),那么她就是错的。对克瑞翁来说,作为忒拜城的统治者,如果他不惩罚安提戈涅(尽管她从道德上来说完美无瑕),那么他也是错的。这就是悲剧,但并不是病态。

从反面来说,一个被伦理道德统治而不是用爱来维系的家庭就是病态的——同样,从更大的范围上来说,对一个以道德压倒法律的社会而言,也是病态的。这个简单的事实为孔子所注意到了。《论语》中有这样一段话:"叶公语孔子曰:'吾党有直躬者,其父攘羊,而子证之。'孔子曰:'吾党之直者异于是,父为子隐,子为父隐,直在其中矣。'"①

我的意思是,这一小段话中的有道德者并不是一个道德主义者——正如在《安提戈涅》中的那样,有道德者是非道德的。② 直躬者不是那些遵从道德法则、公然起诉自己家庭成员中做错事情的人。他们会父子相隐。正如他们所做的那样,我会论证,这是因为他们以安提戈涅对自己哥哥的爱那样互相亲爱。儒家的主要美德是"孝"和"慈"。

---

① 《论语》13.18,引自安乐哲(Roger T. Ames)与罗思文(Henry Rosement):《孔子的〈论语〉:一种哲学诠释》(纽约:Ballantine,1998年),第 167 页。
② 这是一个在某种程度上会引发争议的说法,因为儒家向来被视为道德主义的哲人,尤其是在非道德的道家批评者看来。然而,我对孔子的理解,略微复杂些。我相信,儒家的道德是以非道德的、情感教化为基础的。儒家是道德主义者,但是他们的道德是以非道德的、自然的情感为基础的。

这些并不是建立在对道德原则洞见的基础之上，而是建立在感情上的。所有美德之"本"就是人人对父母双亲的爱的情感以及对自己孩子的慈的情感①。而且，这种情感必须是从一生下来就建立的。一个成长良好的孩子，就会具有这种情感之本，因而在儒家的理论模式中，可以变成有德之人。这意味着，所有的美德都是建立在某种非道德之上——建立在情感之上。道德不是这个本；这个本是家庭成员之间成长起来的自然的依附和情感纽带。对儒家来说，一个和谐的有道德的社会，归根结底不是建立在道德法则上，也不是建立在对个体义务的（康德式的）理性把握上，而是建立在情感上，这种情感就是家庭内部的情感。道德建立在某种非道德的基础之上——这就是为什么道德无法胜过家庭情感的原因。儒家所说的直躬者是那些悉心栽培自己的情感之本的人，因而这些人才可以总是自然而然地行应尽之事，而无需寻求某种抽象的道德准则或者任何外在的权威作为行为的依据。

这段对话也隐约地触及了救治道德的第二剂良药，那就是法律。显然，一个社会不能单纯建立在爱之上。儒家也非常清楚这个问题。与基督教不同，儒家认识到去爱每一个人这不是出于自然的。作为人，一般都爱自己的配偶、自己的双亲、自己的孩子但却不是爱所有的人。设想一个社会完全建立在人们之间的互爱之上，是不切实际的。宗教和社会运动的失败（如花之力）*——试图使建立在爱之上的社会成为现实，就足以说明这一点。一个家庭以爱为基础（而不是道德），可以很好地发挥其作用，而一个比家庭要大很多的社会却不能这样。但是，这并不意味着伦理道德是促使社会和谐的最牢基础。一个社会需要建立

---

① 《论语》1.2，引自安乐哲与罗思文：《孔子的〈论语〉：一种哲学诠释》，第 71 页。

* the flower power generation，20 世纪六七十年代初期信奉爱与和平、反对战争的文化取向的一代。

一定的规则和社会机制，以防范例如偷窃羊这类的事件发生。所有复杂社会都发展出了处理这些情况——发生在家庭之外的情况——的基本工具，既不是爱也不是道德，而是法律。对社会上的罪行的处理，相较道德来说，法律更为稳妥，更具效果，因而也更为理性。

根据儒家的观点，爱是不能在社会中无限推扩的。因此就需要其他的机制来建构社会的凝聚力。儒家学者相信，礼可以发挥此作用。站在现当代视角来看——考虑到我们生活的社会的复杂性和特点——看起来法律程序对我们来说更为合适。在家庭内部，不需要依靠道德去彼此相爱，但是需要爱来和谐共处。在社会中，法律的建立不需要道德，但是需要法律系统来防范和处理各种"不良"行为。我想，这与儒家所说的是一致的，儒家认为礼或者法可以控告和惩罚那些偷羊的人，但你不能指望"心智健全的"家庭成员之间互相控告。在一个正常的家庭中，道德不可能取代爱；在一个正常运行的社会中，伦理道德也不可能代替法律的作用。

在家庭内部，道德通常居于次等地位，而爱才是最重要的。我们可以谴责我们的配偶、孩子或者父亲所做的事情。但是因为我们爱他们，所以这种谴责通常不会进一步转化成道德判断。即使我们非常不同意我们所爱之人所做之事，我们也不会把他们视作邪恶之人，如果他们确实是我们所爱的人的话。这正是作家约翰·斯坦贝克(John Steinbeck)在《伊甸园之东》(*East of Eden*)这部小说中的主题——在这部小说改编的著名电影中，詹姆斯·迪恩(James Dean)扮演了一个不幸的儿子卡尔(Cal)，他渴望得到父亲的爱。卡尔的父亲是一个道德模范，他在道德上总是对的和正义的，他甚至宽恕卡尔所有的道德上的失足。但是在临近故事终了的一个关键场景中，卡尔向父亲抱怨说，他父亲所有的道德包括对他的宽恕，都不能弥补父亲对自己的爱的缺失。

《伊甸园之东》中所描绘的家庭正是一个不正常的家庭，因为伦理道德取代了爱。这不是说，一个不道德的家庭就是正常的——但是它说明了明辨道德与否在家庭中不是真正起关键作用的东西。当爱的区分被道德与否所取代，那么一个家庭中情感的和谐就濒临危险的边缘了。孩子需要被爱，即使他们做了不被道德所接受的事情。这是一个再平常不过的见识，但是我想这仍然值得注意，因为这可能是伦理道德具有潜在危害性的最典型情况。

现代版的"安提戈涅"又发生了，不是在小说中，而是在现实中的加拿大。罗伯特·拉蒂默（Robert Latimer）是萨斯喀彻温省的一个农民，他杀死了自己 12 岁大的女儿。他的女儿身体患有非常严重的残疾，导致她持续不断地疼痛，而又无药可医。这场谋杀被视作安乐死。拉蒂默为了终结自己女儿所遭受的痛苦而触犯了法律。按照法律，他会因被指控二级谋杀而被判处终身监禁。正如我们在《安提戈涅》中所看到的，拉蒂默的案例也是一场悲剧性冲突，即在爱和法之间发生的冲突无法从道德那里得到解决。法律允许他在经历七年监禁后申请假释。2007 年 12 月，他的申请被拒绝，而拒绝的原因正是出于道德的立场！国家假释裁决委员会作出了裁决，说拉蒂默先生尚未"明晓"自己所犯罪行的本质。这就是说他没有表现出任何的悔过。从法律的立场来看，假释裁决委员会的行为是违背法律的——"如果他并没有对社会构成威胁，法律要求委员会应当释放他。"①假释裁决委员会强加给拉蒂默先生一个不可能的道德要求：拉蒂默先生被要求不仅需要承认自己所做的是不合法的（这一点他未曾否认过），而且也是不道德的。但是拉蒂默先生仍然觉得他做的事情是对的，因为他是基于对女儿的爱才

---

① "拉蒂默应当得到宽厚的对待"（Latimer Should Be Granted Clemency），载《环球邮报》，星期六，2007 年 12 月 8 日，A28。

这样做的,所以他不会公开表示悔过。故而他被定罪的原因是双重的:首先是在法律上,按照法庭的裁决;而现在又是在道德上,按照假释裁决委员会的说法。我看不出这种道德判罚有什么合理性。

其至就——在道德上比拉蒂默先生更少含混性的——罪行来说,也不必要非得在伦理道德的层面上进行处理。加拿大最臭名昭著的一个性连环杀手保罗·贝尔纳多(Paul Bernardo),承认在他的城市——我所在的大学正好坐落于这个城市——所犯下的罪行。有一次我和当地的一个牧师在公开讨论宗教时,这位牧师说像保罗·贝尔纳多所犯下的这种道德极为败坏的罪行,只能诉诸终极道德价值进行谴责,这些谴责只能是来自基督教。当然,我对此表示强烈反对。我认为作为组织化和制度化的道德性宗教,是伦理道德的一种更为危险的形式。而且按照我的看法,甚至我的论敌在论证中所持的稍弱的论点,也即我们需要道德(不一定是宗教)来谴责那些坏透了的罪犯,我也认为是有问题的。保罗·贝尔纳多并没有被道德组织抓住,而是被警察。他不是被某个伦理委员会裁定和判决,而是被法庭。他不是被(终生)扣留在一个改善人类道德的机构中,而是被扣留在监狱里边。他被判决,甚至不是因为他应当受到谴责或者他具有邪恶的本性,而是因为他所犯下的罪行,是因为他触犯了法律。虽然,在衡量罪行的严重性以及所应当受到的惩罚时,对某个人本身的评判会被考虑在内——尤其是就累犯不改可能发生的状况时,但不存在针对邪恶的法律,也不需要这样的法律。可以通过判处保罗·贝尔纳多这样的人有罪和把他锁起来,以类似的方式对付犯罪者。但是,不需要寻找道德的理由来证成这一点。

一个人犯了罪,必然要面临法律,我想这是善的——法律意义上的善。我们不用再加之以政治迫害。我也必须承认,生活在一个宗教和法律界限分明的国家是非常幸福的。如果我被指控了一项罪名,我当然不愿意被一个宗教法庭来审判。类似地，我也会支持对道德和法律的界分（参看第八章）。我也不会希望看到有人在道德委员会前饱受苦难。在我看来，在对罪犯的纯粹道德判断和法律程序之间的区分就相当于在乱用私刑和正式法律之间的区分。

笔者认为，在亲密关系中，（在安提戈涅意义上）爱发挥作用更好，要比道德更少缺陷。必须要强调的是，现代西方社会中的家庭与古希腊或者中国的家庭是非常不同的。因此，我在此处是用的爱的观念也可以延伸至，例如后继的父母或者继子，甚至还可以延伸及老友，以及任何与自己有非常亲近关系的人。在今天的社会中，传统家庭往往为不易清晰界定的同龄人群体所替代。

诚然，爱并不能扩展至很远，但是现代社会已经发展出了更广阔的非道德功能系统（amoral function system），即法律系统，它在建立规则和不断修正规则系统上是相当有效的。不论个人的道德信念如何，人们都或多或少会接受它的存在。虽然我将法律视作救治道德的第二剂良药，但我并不想被人理解为是在宣传某种法律和规则观点。在我看来，法律不是一件规则工具，而是用来保证像我们这样的社会"稳定如人们预期的那样"（stabilize expectations）的方式——尼古拉斯·卢曼就是这样来定义法律系统之功用的①。例如，在许多西方社会中，交通状况非常好，考虑到有那么多的车辆，必须要对它们的速度、技术在各种情况下达到安全驾驶进行规定。之所以能如此，是因为对交通规则的遵守；当我们在路上时知道会发生什么。而在早期社会中则不是如此，现在还有许多国家仍是如此。规则制定后，我们知道车辆不会超速，人们不会在双线路拐弯的地方超车，其他人会在停车点或者红灯亮

---

① 参看尼古拉斯·卢曼：《作为社会系统的法律》（*Law as a Social System*），Klaus A. Ziegert 译（牛津：牛津大学出版社，2004 年）。

时就停车。当然，事故的发生——大多数情况，是没有预见到可能发生的情况，就会有例外发生。在多数情况下，预期可控，故而我们的道路是很安全的。交通秩序井然，不是因为交通道德，也定然不是因为任何形式的爱。交通规则之发挥作用可以称作"神兽"（law light）①。

交通法并不严酷，没有人会因为在禁止的地方泊车而被抓进监狱，也不会因为超速而坐牢。它也不是极其严格的。大多数司机，任何时候都有可能，也可以稍微超速。许多交通违规的处罚都不了了之。我们超速时通常不会收到罚单。现代社会中法律的主要作用不是制裁或者去除邪恶的行为者，而是为这个高度复杂的社会提供一个平坦顺滑的绿茵场。交通法是社会中最有效用的法规之一，也是最受到道德谴责的法规。疏忽大意驾驶的人在道德上肯定受人谴责，但同杀人犯受到的那种道德谴责还是有所不同。违规停车的罚单和其他小的失误一般会被人嘲笑，但是对于大多数的公共不法行为来说却不是这样，后者常常被视作可耻的。交通法也不涉及对更高正义的追求。并不存在什么正义的限速，这在整体上来说是随意的，或者说是偶然的，人可以靠左驾驶（在爱尔兰就是这样），或者靠右驾驶（在加拿大是这样）。同样，交通规则也是不断变化的。新的标识总是会设立，新的规章也总是会适时出台。这些甚至可以延伸至交通状况中那些先前并没有法律规定的方面。令人可信的是，考虑到将来受环保影响的交通法条。或许将来，让发动机空转或者驾驶用油太多的车也会被视为违法。

这是我在此书中所持的关于法的观念：法律（主要）不是作为一种报复的工具，而是作为一种社会制度，以保证复杂社会可以有序运行。在一个缺少法律法规的地方，人们不知道在下个道路转弯处会遇到什

---

① 这个说法借鉴了广告中的用语，例如 Miller Lite and Bud Light。

么,这会使许多人以后根本就再也不到那去了。一个起功用的"神兽",其目的并不在于防止人们任意作为,而是使他们应尽其务。这样的法律远比严酷的法律和命令更有效,后者承担了太多的道德性;也比简单的道德呼吁(耶稣会驾驶多功能运动车 SUV 吗?)更有效;它不受任何关于基本权利或者普遍权利观念的支配。这样的法律是在非道德的基础上发挥作用的,它所促成的这种正义不是以任何神圣的或者世俗的规则为基础,但却非常类似于体育运动项目中的公平(参见第八章)。

也许,将我反对道德的论证称为实用主义,还挺合适。我认为伦理道德从实用性来说意义并不显著。正如我想要揭示的,在很多情况下,社会在伦理道德更少干预的情况下会运行得更好。我将会举出在法律、艺术和战争中的例子为证。反对实用主义和实用主义真理观的一个标准论证,可以拿来反对我的立场,此即相对主义。这看起来是说,道德的愚人不能提出关于道德原则的坚实的评判。在伦理道德方面,怎么样都行。他不能作出一个关于善恶的基本判断——从某种实用性的判断来考虑——因为从根本上说,所有糟糕的行为都有可能是"好的"。一方面,道德的愚人没有构建道德法则的基础;另一方面,甚至对于最明显的邪恶的行为,他也没有站在道德上来谴责。

我认为这是一种太过肤浅的批评。我会以理查德·罗蒂(Richard Rorty)来反驳。罗蒂是美国最著名的新实用主义者,当他的实用主义真理观(否认任何形式的客观真理)被人指责为相对主义时,罗蒂回应说:"我不清楚,一个事物并不存在的主张,如何能被解释为该事物和另外的事物是有关系的主张。"[1]

---

[1] 理查德·罗蒂:《一致性与客观性》(Solidarity and Objectivity),载 John Rajchman 与 Cornel West 编《后分析哲学》(*Post-Analytic Philosophy*),(纽约:哥伦比亚大学出版社,1985 年),第 3—19 页。

罗蒂所谈论的是真理观，不是伦理观或者道德观。（事实上，罗蒂在很大程度上将他的实用主义视作一种道德哲学。）但是，我仍然相信同样的回应也适用于那些对道德愚人是相对主义的指责。我在第二章详细讨论了道德相对主义的问题，但在此，可以说，道德愚人是真正的没有看到伦理道德法则之根据的人。他不理解在什么样的基础上，善和恶的区分可以成立。这就是说，他断言有些东西是不存在的，而不是断言所有的道德法则都取决于当时的具体环境。道德愚人和道德相对主义者是两码事。道德愚人很可能比道德相对主义者更激进，因为后者至少愿意接受道德法则的相对有效性。

尽管是激进的，但是道德愚人并不是一个性急的人或者狂热分子。道德愚人的立场属于谦逊的类型。他很像苏格拉底那样，要比其他人更智慧，他不认为自己可以对最重要的那些问题作出解答。

道德愚人至少在一个很重要的方面，也不同于维特根斯坦在《关于伦理学的讲演》中的立场。维特根斯坦在他讲演的末尾指出，尽管在绝对的意义上断言某物在伦理道德上有意义是完全不可能的，但是他仍然对这种努力怀着最高的敬意。看起来，他将此看作英雄式的——在悲剧意义上的英雄主义。正如西西福斯中的例子，道德的努力最终是徒劳的，但是按照维特根斯坦的观点，无论如何，它都构成了我们存在于世的基本面向。对伦理道德的追求或许是荒诞的，但是它却是对人类来说有意义的东西的一个基本表达。

我认为，悲剧性的道德英雄主义——维特根斯坦讲演中所描述的——是一个西方化的和人道主义的伦理道德观之代表。道德的愚人不是悲剧英雄。与维特根斯坦不同，他不关心超越界限的努力之价值，他通过洞察伦理道德的不可言说性，得出了一个非常不同的结论。他对虽败犹荣没有兴趣——他对所有的荣耀都没有兴趣。如我所言，道德的愚人是一位谦虚十足的伙伴。他没有伟大的人类抱负，因而也不会以某种庄严的方式失败。道德愚人的角色是从道家思想中脱胎而来的，道家思想就是对英雄并不关心。而且，在中国传统文学或者哲学中，悲剧并不是显要的精神风格，在中国传统文学或者哲学中那种悲剧或者英雄是不存在的。道家思想也不追崇抱负、野心，它对人类干涉自然本性的作为本来就不热心。道德愚人在伦理道德上的反英雄（antihero），这与西方传统中——伟大而往往悲剧的失败——的人类道德主义者不同，道德愚人是东方传统中的代表。

第一部分

论非道德

第一章

道德愚人

我最喜欢道家"塞翁"的故事。乍一看,这个故事似与伦理问题没有丝毫关联。但是,在仔细分析之后,我认为这个故事可以当成一个寓言来解读。这是关于道德主义者的思维模式的寓言,如果我的解读是正确的,那这个寓言所揭示的便是彻底地对这样一种道德思维模式的反诘和嘲讽。① 这个故事是这样的,它是关于一位年老"愚人"(fool)的故事。这位老人住在边塞,他无法明辨好与坏。起先是他的马丢了,其他人都说这太糟糕了,但是不久这匹马回来了,而且还带着一群马回来了。周围的人都说这真是件好事。但接着,他的儿子骑马摔了下来腿摔断了,其他人便都说这真倒霉啊,但是后来却正因此,他的儿子可以免除服兵役,得以在战争年代幸存下来,其他人又说这真幸运。显然,

① 这一故事的英译,可参看林语堂(Lin Yutang),《理解的重要性》(*The Importance of Understanding*),Cleveland:Forum Books,World Publishing,1963 年,第 385 页。笔者曾对这一寓言作了细致的解读,见拙著《〈道德经〉的哲学》(*The Philosophy of the Daodejing*),(纽约:哥伦比亚大学出版社,2006 年),第 99 页。(此书的中译本是《〈道德经〉的哲学》,刘增光译,人民出版社,2010 年;再版更名为《东西之道:〈道德经〉与西方哲学》,北京联合出版公司,2018 年。——译注)

这个故事可以无休止地讲述下去。表面上来看，它是关于好运和厄运的。这位老愚翁是如此愚蠢，他没有像他邻居那样具有关于祸福的观念，当然，结果证明，他的愚蠢要比普通人的常识更为明智。事情的发展证明，好与坏都在极其不稳定的范畴内，好坏可以相互转化，所以，真正愚蠢的是那些相信他们自己可以判分好与坏的人。事实上，事物的好坏是在不断变化和转换的。

　　按照我的看法，这个故事主要不是在说命运的诡异多端而致事与愿违。当然，这是这个故事要讲的一方面，但是我认为若仅注意到这个故事所讲的命运诡异之外，便没有抓住其中的哲学精髓，就使之流于表面了，就会变成是在讲述一个稀疏平常的事实。在我看来，这个故事的幽微之意，主要在于老翁，以及他看似不能判分好坏的愚。换句话说，这个故事的主旨并不是关于变化的不可预测，而是关于人们看待世界好坏标准的思维模式或倾向。当谈及运气时，我们可以很自然而然地使用这些标签。运气并不总是好的，也不总是坏的。只有愚人不能看到这一点。故而可以说，这个故事讲述了一个再显然不过的以好坏来看待这个世界的例子——它惊人地表明了可以不用好与坏这些措辞来思考的例子。塞翁甚至不能区分好运和厄运，这得多不可思议啊！

　　以这种方式来解读的话，这个故事的主要内容是关于愚的，即无法明辨事物好坏的愚，吊诡地说，这种愚是智慧。而运气是属于我们可以使用好和坏这些措辞的最显著的例子，而道德则很可能是最严厉、最重要的例子。就运气而言，在对好与坏的判断中有一些好玩的东西。如果仅仅是厄运，我们至少过后就可以对它一笑置之。而道德判断却不可笑。将某个人视为道德败坏，则非同小可。如果我们真的感觉有人在道德上败坏，那这种感情往往是既强烈又非常严肃的。对这种坏甚至还有一个特有的措辞："邪恶"。邪恶是恶中之恶，这其中丝毫没有幽默或者含糊的余地。

我想,塞翁之愚是非常极端的一个例子。祸福也只是表明他对这样一种视角的不认可。塞翁头脑中没有这些祸福的概念。因此,严格来说,这意味着塞翁是一位道德愚人。如果他不理解祸福之间的区别,那么他就不会理解人们为何以及如何来作道德区分,他就会对道德判断一无所知。这正是我在本书中要捍卫的立场。我与塞翁一样,也不相信判分好与坏就是好的,尤其是当涉及道德伦理之时。我认为,或许这种道德之愚痴(moral foolishness),正如塞翁所具有的愚一样,会表明这要比表面的道德之聪明以及由此产生的信念和信心更富有智慧。

所以当我谈及伦理道德且在质疑它们之时,我是在质疑什么呢?答案与我对塞翁故事的解读是一致的,我将它们视作区分好坏的方式,更准确地说,将它们视作很可能是区分的最重要、最极端的形式。在伦理意义上说,对好坏的区分变成了对善恶的区分。换句话说,对"好""坏"措辞的最强硬的运用就是对它们的道德化运用。在道德的伪装下,这种两极的区分用于对人的区分,以及对人们做了什么和他们是什么的区分,以用来标明对人事物鄙弃轻视的程度,这种鄙弃轻视是与这种道德两极区分的消极面相伴生的。

当我们说一个物体是好或者坏时,使用"邪恶"这个词是没有意义的。当我们的车在冷天不能发动时,我们不会说车是邪恶的,如果我们这么说了,我们仅仅是在开玩笑地说或者从隐喻意义上来说。对于车下的判断不会是一个道德判断,因为人不会在伦理道德的意义上去看待它。对于动物来说也同样如此,我们不会认为臭鼬应该需要在道德上为自己所排放的臭气负责,我们甚至也不会对杀了人的熊下道德判断,即使我们认为必须射杀这只熊以防止它再对人造成伤害。我们不是因为熊是邪恶的才杀它,而是因为它危险才杀它。对于有些人,我们也不会在道德的意义上来评价。一个嚎啕大哭的婴儿可能会使人感到沮丧和气愤——即使是自己的孩子——但是人们会说这个孩子是邪恶的吗？我们不会因一个昏迷濒死的人花掉了纳税人成千上万的钱就指责他是没有道德的寄生虫。在以上所举例子中，我们没有以道德与否的心态来审视，我认为，很显然，这些都是客观存在的事实。有谁会愿意生活在难闻的臭屁、哭泣的孩子、花费昂贵的病人皆邪恶的世界中？对好坏区分的道德化使用似乎是区分的一种极端形式，在许多而不是绝大多数情况下，是不会使用的。问题是，这种对好和坏区分的极端形式真的可取吗？

有必要对道德区分极端在哪里进行更好的追溯。道德判断——对好坏区分的道德化使用——通常与社会功能有关。出离社会背景之外，道德便无处安放。但是即使是在社会中，也存在许多道德自由的领域。例如，婴儿和无意识的人是无法视为道德主体的。现代西方道德哲学中最著名的、最富影响力的观点出自康德的《实践理性批判》，他明确指出，一个行为只有在其背后存在意志时，才是具有道德性的。只有意图和动机才能看作善的还是恶的。婴儿和无意识的人可能会做坏事情，但是他们不是邪恶的，因为他们不具有自由意志。因此，道德判断的前提不仅包括社会背景，更具体来说，还必须包含人类的自由意志和理性。如果一个人既没有意志也没有理性，那么就无法从道德的意义上去评价他/她。

另一方面，一个人如果具有理性或意志，他便在道德上负有责任。这给人带上了厚重的道德枷锁，尤其是在基督教传统中。上帝赋予我们以自由意志，但是这不仅赋予了我们会做错事的潜力，也赋予了我们做邪恶之事的能力，在宗教意义上来说就是"原罪"。事实上，如果一个人相信基督教的教义，那么他就面临与生而来的原罪之困。上帝创造了我们成为有德之人的存在，而我们却无法摆脱道德加诸我们的脆弱与弱点。从基督教的观点来看，很难不把人视作道德的存在。在某种意义上，康德仅仅是将基督教的道德传统世俗化了。附加上了自由意志和理性以后，我们便不能逃避我们的道德责任了。我们生来固有的、不可逃于天地之间的，就是道德性的。不论是基督教或者康德哲学都不允许对人类的非伦理化理解。或者，乐观点说：站在基督教和康德哲学二者的角度来看，道德可以定义为善人或者恶人（具有自由意志和理性的人）所特有的排他的能力。

因此，道德或者伦理，是专属于人类的特性。它的极端主义体现在它的存在仅仅局限于人类，更准确地说，局限于人类中的特定群体。非人类不具有道德。但也无法将某些人置于道德的范畴内讨论，例如，前文所提到的婴儿和失去了意识的病人。按照道德主义的逻辑，他们算是处于边缘人群。我们可以关爱我们幼小的孩童或者我们已经痴呆了的祖父母，但那是因为我们没有将他们视作道德主体，所以他们要么尚未成为社会中需负责任的一员，要么已经不再是需负责任的一员。道德能力和关于成熟的人的观念看起来是紧密联系在一起的。道德看起来与关于人的生命观念——主要关注人的自由意志和理性——有关联，也与怎样才能成为一位成年人的标准有关。它是专门对那些满足了理性标准的人而言的善恶观念。诸如此类，它显示出自身为一种极端的人道主义，因为它仅仅对人类适用，进一步说，仅仅对那些被视作完全行为能力的人来说适用。

道德的好与坏，与在非道德的意义上（in a nonmoral sense）的好和坏正相反，道德上的判断会产生深远的影响；也是一种较为极端的判断。我们仅仅将其适用于人类，但当然，并非所有对于需负责任的成年人的好和坏的评价就都是道德的。例如，有人擅长于体育或者驾驶，但这并不是一种道德属性。道德判断通常并不适用于特定的能力或者成就。正如康德所注意到的，道德判断完全不能适用于演戏或者表演之类。按照他所说的，它们仅可适用于按照意志去行动的行为，但是或许甚至这样的一个定义也是不完全准确的。当我们说某人在道德上是好或者坏时，我会论证，我们通常所指的并不是这个人的具体的意图，而是说他的品性。如果我们说一个人好，而且我们是在道德的意义上说的，那么我们相信他或者她从本质上来说是好的。我们不是喜欢他的意志，也不是讨厌他的意志，而是喜欢或者讨厌他整个人。道德判断在此意义上是没有限制的；这所指涉的不是这个或者那个特性。相反，这所指涉的是一个人的整体品性。道德判断倾向于成为基本的判断。如果我们说一个女人是一个实力差的短跑运动员时，并不是全方位的评价。但是，如果我们说她是邪恶之人，如此一来她是不是一个优秀的运动员已显得无关紧要了。说"她是一名好教师，而不是一个差劲的厨师"，跟说"她是一个好教师，但她在道德上应该受到谴责"大有不同。

　　道德是一种极端的，也是最严肃地指明好与坏的形式，我的意思是，这仅适用于被我们认定为具有完全行为能力的那些人，且对他们来说是极为严正的指判。这种指判仅适用于他们，而不适用于事物、动物、婴儿、老人。

　　在这一点上，需进一步澄清"道德"与"伦理"的关系。在此处，我两个词都使用了，二者在当代英语中或多或少都可通用。因为这两个词含义相通，其中一个词来自古希腊文（伦理），另一个词来自拉丁文（道德）。古希腊的和拉丁的词都特指与社会公认的"好"相符合的行为。合乎伦理或者道德意味着行为的方式被视为合宜的、符合习俗的、正确的。因此，伦理哲学和道德哲学是相类似的学科，都试图对什么构成了合宜且正确的行为下定义，旨在确定什么是正确的和合宜的最基本原则,以及为人们正确、合宜的行为建立标准。这两门学科也都研究是什么使人成为有道德的,以及这些美德是什么,也即,是什么构成了合乎伦理的或者道德的个人基础。

在现代西方哲学中,有许多人尝试要在语言学上区分开伦理和道德,因此超越了传统上认为二者同义的观点。在此,我主要讨论三种极具代表性的尝试。19世纪早期,黑格尔在批判康德道德哲学的背景下,提出了对伦理和道德的独特区分。在黑格尔看来,伦理(ethics)在德文中是Sittlichkeit,对应于与上文提到的古希腊文和拉丁文中的伦理与道德。从字面上来说,Sitten是指社会中所认为的合宜的行为习俗和礼仪。因而Sittlichkeit或者伦理,对黑格尔来说意指"已成的习俗,而不是一套规则(principle)。Sittlichkeit是共有的行为,共同的礼仪,共同的乐趣;它首先并不是或者根本就不是对规则(rule)的理性思考"。其意思是:"理解Sittlichkeit的关键是关于实践(practice)的观念。实践可能会有一套明确的规则(如国际象棋或者音乐创作),但是它不需要这些规则。"[1]故而对黑格尔来说,伦理意味着在社群中被确实视为是好的行为。而这个词的第二层意义,又是指在一个社会中已经实现了的好的生活。正如查尔斯·泰勒(Charles Taylor)所指出的,伦理所指涉的是"那些已然存在的"好的行为和职责的标准,因此就伦理来说,"在应当与是之间不存在鸿沟"。按照黑格尔的理解,道德的情形则正相反。道德指的是可以用于教育我们的"一套准则",但却不必然要在社会中实践。道德是我们可以在理智上接受的、可以被理解为是善的东西,但是我们并不常常在社会的日常中实践它们。泰勒对道德的这个含义作解释说:"我们有必要认识某些并不存在的东西。知道

---

[1] 罗伯特·所罗门(Robert C. Solomon):《在黑格尔精神的深处》(*In the Spirit of Hegel*),(牛津:牛津大学出版社,1983年),第534—535页。

什么是'是'与什么是'应该'。与此相关的是，我所承担的义务不是因为我是社会共同体生活中的一员，而是因为我作为一个独立的理性意志而具有这种义务。"①因此，伦理是与道德相对的。前者是对社会中习俗之善的实践，而后者指的是一套准则，这套准则是个体可以通过理性的深思熟虑而获得的，但却不必然是现实的。

德国社会学家尼古拉斯·卢曼对伦理与道德的区分，与黑格尔对这两个词语的使用有着显著不同。卢曼将"道德"定义为交流（communication）的一种类型，透过一人对他人的尊敬或者轻视便呈现了出来。与他的老师帕森斯（Talcott Parsons）一样，卢曼区分了尊敬与赞成。与我对道德主义心态的理解相似，我将其视为对人贴上善恶标签的极端形式，而卢曼认为，道德判断总是从总体上来看待人的。赞成是限定于一个人的某个特定行为或者表现的，因而不是道德评价。我们可以赞成或者不赞成一个人的决定或者赞赏或不赞赏他的着装，但是这不是道德判断。但是，如果我们尊敬别人或者不尊敬别人，那么我们要么是在道德上认可他人，要么就是鄙视他人。道德区分区分的是那些我们认可的人与不认可的人。因此，道德价值是我们借以尊敬或者不尊敬他人的标准。对卢曼来说，道德是社会尊敬得以实现的条件。② 道德既不是习俗性行为，也不是一系列准则，而是实在的社会分类——分别哪些是好人，哪些是坏人。不论何时我们将一个人视作是"恶的"，我们都是在进行道德交流（moral communication）。因而道德就成了一个用来进行分类的社会技术。它是将我们的世界分成好人与坏人的方法。另一方

---

① 查尔斯·泰勒：《黑格尔》（*Hegel*），（剑桥：剑桥大学出版社，1975 年），第 376 页。
② 卢曼：《失落的范式》（*Paradigm Lost: Über die ethische Reflexion der Moral: Rede anläßlich der Verleihung des Hegel-Preises, 1989*），（*Frankfurt/Main: Suhrkamp*, 1990 年），第 19 页。

面，"伦理"则具有非常具体的含义。卢曼认为伦理是对道德的理论性思考。因此伦理不是道德的，但却可以说是元道德的(metamoral)。这是对道德如何发挥作用的非道德的分析。因而伦理与确定人或者事是善还是恶无关，而是与解释道德在社会中如何发挥作用有关。伦理学是对于道德进行观察的道德科学。它不分别尊敬与不尊敬，而是思考这种分别如何在社会生活中发挥作用的事实。伦理学是对道德交流进行探究的社会性学科。

对道德与伦理进行区分的第三种尝试来自当代后现代主义思想家德鲁西拉·康奈尔(Drucilla Cornell)。她在著作《界限哲学》(*The Philosophy of the Limit*)中写道：

> 在我看来，"道德"标示出人们想要清晰地将如何确定出一种"行为的正当方式"说出来，行为准则一旦确定下来，即可以演绎成一套规则。与道德相较，伦理关系(ethical relation)关注的是一个人为了发展出与他人之间的和谐关系而必须成为的那种人。换言之，伦理关系关心的是在此世生存的一种方式，这种方式跨越了各种不同的价值体系，使得我们可以批评相互之间竞争的各种道德体系的压抑性的方面。①

根据她的理解，"道德"是某种严格的、相对一贯性的规范体系。它

① 德鲁西拉·康奈尔：《界限哲学》，(纽约：劳特利奇，1992 年)，第 13 页。关于这段话的讨论，可以参看威廉·拉希(William Rasch)："内在的体系，超越的诱惑与伦理学的界限" (Immanent Systems, Transcendental Temptations, and the Limits of Ethics)，载《观察复杂性：系统论与后现代》(*Observing Complexity: Systems Theory and Postmodernity*)，威廉·拉希与凯里·沃尔夫(Cary Wolfe) 主编(明尼阿波利斯：明尼苏达大学出版社，2000 年)，第 73～98 页。(此书已有中译本，河南大学出版社 2010 年出版的麦永雄译本。——译注)

就像一本指示人们如何去行为的说明书。对她来说，成为"伦理的"具有一个更为个体性的意义。它是一个使个体能够参与到与他人的非攻击性的、宽容性关系的个体成长的规划。而道德则会产生一套具体的信念与准则，成为伦理的则完全不是这样。伦理不是用固化的价值观来判断他人和自己，而是用来使人们生活与共存的，且不论他们的具体身份是什么。

以上从术语学上分析的三种分辨——黑格尔的、卢曼的和康奈尔的——都有意义。问题是这三种中的任何一种都与英语中"伦理""道德"两个词的实际使用情况不相应。因此，引入任何一种区分，在任何情况下，都有些做作与勉强。各作者都从各自的视角对这两个词作出了解释，但没有一个定义能普遍被人接受。为了避免额外增加"伦理"与"道德"二者之间的其他学术上的分别，我决定遵循它们的传统含义，即二者是同义的。在我看来，伦理与道德的含义基本相同，因此，伦理学与道德哲学也是属于同一个科目。

但是，必须承认的是，虽然在当代英语中伦理与道德是可以互相置换的词——就如同在西方哲学传统中，二者的关系也是如此——但是自古希腊罗马哲学以降，二者的含义都已经发生了变迁。与黑格尔的对伦理(Sittlichkeit)的看法非常一致，这两个词最初指的是在与社会风俗习惯一致的意义上的好的行为。考虑到社会生活复杂性与日俱增，以及多元文化主义和全球化新维度的出现，以及由工业和技术革命所引发的新的生活方式，自亚里士多德、西塞罗以来，风俗习惯所起的作用已经发生了很大的改变。因此，伦理和道德所指的已经不再主要是人们通常所认为的社会性适宜的东西，因为要真正确认今天这个世界中所适宜的东西是很难的。在古代世界，人们认为，某一种生活方式适宜于所有妇女，而这种生活方式与男人的生活方式截然不同。但是在现代西方，几乎没有人会认同这种对道德和伦理的理解。与古典时代已经发生了激烈的社会变革相对应的是，伦理和道德已经呈现出了不同的含义。不是从社会风俗习惯的角度来看待它们，而是一方面将二者视作个体的品质或品性，另一方面又将二者视作普世性的价值，诸如公平、自由、平等之类。

我的意图并非要提出一种新的伦理学，所以在此我关心的不是去对我们社会中的道德美德或者伦理准则下定义。这个工作就留给道德家和专业的伦理学家吧。我的目的是提出对道德的一种批评，这种批评不是针对具体价值或者行为方式，而是针对道德主义倾向或思维模式。我质疑，道德主义的视角是否恰当。用伦理语汇来看待这个世界是否必要，是否真的有益？作道德判断是否明智？用伦理语汇进行思考和讲话是否就更有成效？最重要的是：将他人视为善的或者恶的是否真的有益？

在这里，我所关心的是伦理（道德）区分在我们社会中的功能。下文中，我将分析当我们积极参与伦理交流（ethical communication）时会发生什么。我特别关注的是法律和大众传媒。我将伦理思考和伦理交流理解为区分善和恶的既极端又相当严正的方式，通常适用于人及人的行为。当然，伦理推理也可以延伸至群体或者集体行为。例如，战争可以被视为正义的或者不正义的，这就是从伦理道德的角度来考虑的。但是即使在这种情况下，人们也通常认为，有些人要为战争负责，战争的道德或者不道德最终就可以看作这些人的道德与不道德。对于政治来说亦然。当人们说某个政策是不道德的，这通常是说对这些政策负责的政府当局违背了道德准则。

出于对道德交流（moral communication）在我们社会中作用的兴趣，以及对道德的批评，我主要关注道德伦理的病理（pathology of ethics)。因此，我的态度与尼采有些类似。[①] 我试图指出道德区分的缺陷，以及由此所造成的具体危害和麻烦。然而，这不应与鼓吹不道德相混淆。如果一个医生建议她的病人戒烟，这并不是就意味着她建议病人完全不吸。事实上，她对吸烟并没有正面的反对。替代吸烟的是戒烟，而不是"做"吸烟的反面。同样地，建议他人对道德保持警惕，只是说要小心道德。道德愚人就不是道德主义者，但是他既不是非道德主义者，也不是与此相反的道德主义者。说成为有道德的人不一定好，这本身并不是一个道德判断——正如我在导言中所说。道德愚人甚至也不是要强烈地要求说必须成为非道德的（amoral）。医生也不是很严正地说不吸烟就是健康的，戒烟并不能使你健康，这仅仅是消除了某种会使你不健康的风险。同理，道德愚人杜绝了进行道德判断——何为善、何为恶——的风险，但是这并不意味着避免了这种风险就能使你自然为善。因此，道德愚人并不认为：不成为有道德的人，在道德上就是善的。他仅仅是认为：我真的不理解，为何有些人总是理所当然地用道德与否的视角来看待这个世界。

---

① 尼采在他早期的论文中引入了"非道德"（extra-moral）一词，这篇论文即《真理和谎言之非道德论》（*Über Wahrheit und Lüge im aussermoralischen Sinne*，英文标题为 *On Truth and Lying in an Extra-Moral Sense*）。我则使用更常用的英文词"amoral"。尼采的全部著作中都贯穿了对于伦理道德的批判，本书的写作深受这一观念的影响。我钦佩尼采对于道德之病症的诊断，但是有时候，这种诊断也显露出某些问题，特别是当他鲜明地捍卫不道德立场时，也就是说，他不仅仅是在颠覆道德，如在《违反自然的道德》这一节中。［载尼采：《偶像的黄昏》（*Twilight of the Idols*）］然而，我们也常常看到，尼采超前于他所处的时代而指出了道德伦理的符号性特点，也即道德伦理是与人和人之间交往关联的方式。笔者在本书中的分析与尼采《偶像的黄昏》书中《人类的"改善者"》一节的观点是高度相合的。尼采指出："不存在道德事实这样的东西"，"道德只不过是对于某种现象的阐释，或者更严格说来，是一种错误的阐释……道德仅仅是一种符号语言"。见尼采：《偶像的黄昏》，Anthony M. Ludovici 译（Hertfordshire：Wordsworth，2007 年），第 37 页。（此处对于尼采《偶像的黄昏》一书中篇名的翻译，参考了商务印书馆出版的李超杰译本。——译注）

第二章

消极伦理学

在一本关于消极伦理学的书中,瑞士哲学家汉斯·萨纳(Hans Saner)区分了四种类型的伦理学:

(1) 出于某种理由,彻底地拒绝承认道德,比如,由于厌恶伦理道德及面对伦理道德的无能为力。

(2) 有一种规范伦理学,认为对于什么是善是不能确定的,因而对于善只能作消极的解释,类似于神学中消极蔑视上帝。

(3) 对伦理学持以质疑,认为不存在普遍的伦理规则或者原理,因为道德总是具体的,产生于具体的环境中。

(4) 有一种伦理学,不相信行为至上的首要性,而是相信顺其自然(refraining from intervention)的优先性——因而它主张一种"无为而治"(letting-be)的伦理学。[1]

---

[1] 汉斯·萨纳:《消极伦理的形式》(Formen der negative Ethik: Eine Replik),载《消极伦理学》(*Negative Ethik*),亨宁·奥特曼(Henning Ottmann)主编(Berlin: Parerga, 2005 年),第 27—30 页。

看起来，道德愚人的观点与上边所言的第四种类型最接近。毕竟，愚人是道家式的，道家的思想宗旨主张"无为"——用中文来说就是"*wu wei*"。他们主张一种顺其自然的生活方式，包括对伦理的节制，认为伦理的观念模式并不能解决社会问题，相反其本身正是社会问题的组成部分。但是，我觉得，道家的观点——也是我从道家思想那里获得的看法——与萨纳所说的第一种类型的消极伦理学更为接近。但是，与厌恶伦理道德不同，我更喜欢说这是一种彻头彻尾的对伦理道德的不信任。道德愚人不愿意在道德判分的基础上来看待世界，因为他不能认可这种判分的有效性。但是这种观点也不排除另外三种类型的消极伦理学。在此，我的立场也最接近第一种类型，放弃伦理道德的视角，认为伦理道德视角是无根据的、不必要的，通常也无法给人以帮助，但当然它也包括了其他三种类型。这对构建积极伦理学体系的尝试是批评性的（参看第六章）；它相信善行是行为的问题，而不关乎法则（参看第三章）；它主张将人类的作为和干预最小化，是最好的行为策略（参看第七章）。道德愚痴（moral foolishness）往激进的程度走仍然在尝试对道德框架进行解构。

有一种对道家思想的惯常批评——当然也可以用来批评我关于消极伦理学的观点，这种批评认为道家思想是相对主义的。由于已经捐弃了道德价值，故我们没有能力去判分好和坏。在否定了道德法则的存在后，行任何事情看起来都成为可能。如果我们赞成道德愚痴，那么我们将如何去谴责大屠杀或者种族灭绝呢？我们将如何去赞颂那些对这个世界产生了重要影响的楷模式人物呢？难道道德愚人不是在完全随意和毫无根基地作出相对主义道德判断吗？如果不存在客观的道德标准，那么看起来即使最恶劣的行为也可以被合理化为正当行为。

我的观点是道德愚人不是道德相对主义者，而是道德相对主义的批判者。我的论证是，这种类型的消极伦理学并不会导向相对主义，而恰恰相反,它消解了道德相对主义,而且要比大多数的积极伦理学消解得更为彻底。我以古代道家的思想为根据,以证明这一点。道德愚人不主张任何形式的伦理学,包括相对主义的伦理学在内,而是怀疑所有的伦理学,包括相对主义伦理学在内。不管道德的观念模式是倾向于相对主义的还是普遍主义的,这种道德的视角本身就是有问题的。问题不在于应该限制伦理道德主张的范畴,而是在于以伦理道德的视角和措辞来思考并进而谈论这个世界,本身就是危险的。

与其他古代汉语的文本一样,《庄子》也经常通过比较道德典范尧、舜(古代的君王)和暴君纣、桀(这两位统治者因暴政而致自己所统治的王朝灭亡),来讨论道德判分的问题。在今天提到这些名字,或许不会触动我们的神经,但是在古代中国的历史背景中,他们的名字都染上了浓重的道德情感色彩。这些名字背后都有强大的隐喻,就好比我们今天提到纳尔逊·曼德拉(Nelson Mandela)和阿道夫·希特勒一样。听到前者的名字,我们会产生某种敬畏之感,而听到后者的名字,我们就出离愤怒了。我们是在这样一个道德分化和培育道德判断的社会中长大成人的,我只能认为人类社会都有类似的机制,尽管可能有着不同的模式,但是在古代中国也同样存在。我指出这一相同点,是为了强调《庄子》中这段话的激进和强烈的挑衅,这段话说:"以趣观之,因其所然而然之,则万物莫不然;因其所非而非之,则万物莫不非。知尧、桀之自然而相非,则趣操睹矣。"①

---

① 《庄子·秋水》,本书所引《庄子》英译,见葛瑞汉(Angus C. Graham),《庄子内篇》(*Chuang-Tzu: The Inner Chapters*),(Indianapolis:Hackett,2001 年),第 147 页。中文本则见于《庄子集解》,诸子集成本,北京:中华书局,1954 年,第 255 页。笔者对英译有修改。(译者按:葛瑞汉对于《庄子》文本的看法与通常不同,他对《庄子》内七篇和外、杂篇章作了重新编排,部分文字则刊落不载,这与他对《庄子》文本的生成的认识有关。此处所标《秋水》篇名则是依循了通常的看法。本章下文涉及《庄子》原文者,译者的标示亦是如此。)

《庄子》中的这段话非常简洁，但却惊人地道出了真理。从他们自身的观点来看或者说在他们各自环境的背景来看，对尧和桀的道德评价上是没有差别的。换句话说，德国纳粹统治时期的阿道夫·希特勒在道德上应受到人们的爱戴，就像在南非实施种族隔离政策时期的纳尔逊·曼德拉应该受到道德上的谴责一样。当然，在今天看来事情就不同了，但是我们也只是在以我们现有的道德观念的情况下来审视才是这样。《庄子》中所指出的是，不存在脱离背景或情境的道德观点。我们现在深信曼德拉在道德上的善，以及希特勒的邪恶，但是在许多生活于当时的南非和德国的（白）人看来，却恰好相反。因此，《庄子》是否在说尧和桀之间没有实质的区别，或者说曼德拉和希特勒之间没有实质的差别？他是否在主张绝对的道德相对主义？我认为不是这样的。

《庄子》所要揭示的其实不是相对主义的立场，而是对这样一种观点的敏锐批评。我们可对此作更细致的分析。对于相对主义的观点，如果严正或者以肯定的方式来看的话，相对主义的立场表明的是道德判断总是与社会背景和意识形态相关联，因此，它们总能在各自的情境中为人所接受。所以，推至极端，这种观点就不得不承认，如果在各自特定的环境下，桀与尧都具有同样的德行，希特勒也和曼德拉一样。按照《庄子》的看法，问题就在这里。问题主要不在于道德判断之随背景情境而迁变，这一点《庄子》并不否认，问题在于这些判断在它们各自的背景中被人深固地执持着，故而可能导致产生各种各样的道德信念，以及破坏性的行为。对《庄子》来说，这是事实：在桀的时代，桀的道德被视作正确的，而到了孔子时，则尧是道德的。庄子对这种相对主义的信念非常警惕。当按照道德信念去行为时，人们应该注意到其他的视角也是可能的。或者在另外的时代，人们可能会持有其他不一样的观点，可能人们一听到希特勒的名字便感觉到道德的敬畏，就如同我们现在一听到曼德拉的名字便有这样感觉一样。因此，对于从任何一种道德敬畏来推出按照某种方式去行为的权利，我们都应该谨慎小心。因为道德敬畏总是相对的，而且可能会被用来证明恶行的合理性。我们不能保证，听到尧的名字所产生的道德敬畏就不会有像对桀的道德敬畏那样的危害性。同理，我们今天对曼德拉和希特勒的看法也是如此。

因此，《庄子》所表明的是，所有的道德说教者的效力，不论它是相对主义的，还是普遍主义的，都具有潜在的危害性。在有些情况下，如桀的情况，证明还很有破坏性。而在其他的情况下，比如尧的例子，尽管其结果相对来说并无害，但是仍然会有误导性。如果有人开始用道德视角来审视这个世界和其自身，这就已经是在离"道"渐行渐远了。《庄子》中有一个寓言，在比较坏人与圣人的差别时提到了这个寓言。这个寓言对此作了非常好的解释："臧与谷二人相与牧羊而俱亡其羊。问臧奚事，则挟策读书；问谷奚事，则博塞以游。二人者，事业不同，其于亡羊均也。"①

读书和赌博固然有别，前者被视作一种美德，而后者则是不好的。但是，不论在哪种情况下，结果都是羊丢了。羊的丢失，是隐喻一个人失去了他原本未被道德溺坏的天然本性。一个人若自以为是地相信自己的道德优越性，那么他就失去了他原本的非道德的纯真（amoral innocence），不论他对别人有危害与否。道德不是解决社会问题的药方，相反，在《庄子》和尼采的《偶像的黄昏》中，它正是社会问题产生的根源。②《庄子》中有一段话就表达出了这样的观点："昔尧之治天下也，使天下欣欣焉，人乐其性，是不恬也；桀之治天下也，使天下瘁瘁焉，

① 《庄子·骈拇》。
② 尼采就将因果混淆视为"四大谬误"之首。

人苦其性，是不愉也。夫不恬不愉，非德也；非德也，而可长久者，天下无之。"①

这不是说在效果上看尧和桀是一样的，而是说他们都导致了某种道德情感的产生。一旦道德情感出现了，没有人知道从其中还会引申出什么。然而，经验表明，社会危机和战争往往与高度的道德信念以及其中一方或者双方的情绪化相伴生。道德的情感一旦释放出来，就会增生并灼烧他们自身。因此《庄子》揭示出，在尧之后，世界变成了使人"喜怒失位，居处无常……于是乎天下始乔诘卓鸷，而后有盗跖、曾、史之行"②。古代中国有名的精明大盗盗跖、孔子的弟子曾子、孔子所表扬的道德典范史鱼(《论语》15.7)，都是社会上有了道德之后所产生的结果。这里的关键在于，如果关于好的观念出现，那必然是发生在区分好坏的情境中，而这又会产生出新问题，而这在不作好坏区分的情境下是不会发生的。故而，道德观念产生了好坏的区分，并进而导致了对这种区分的有害性应用。

正义的情感被证明对社会有好处，这仅仅是偶然。其对社会的坏处亦然，而且从长远来说，其对社会的有害是必然的。从好到坏，再到邪恶，这正是道德观念演变的次序。因此，《庄子》总结道："吾未知圣知之不为桁杨椄槢也，仁义之不为桎梏凿枘也，焉知曾、史之不为桀、跖嚆矢也！"③

道德话语盛行的社会已经浮现道德灾难的征兆。曾子和史鱼所感受的道德正义会转变成桀、纣所感受的东西。结果不同，但是这种感受是无法区分的。人类会犯下种族灭绝的罪行，不是因为他们认为这是

① 《庄子·在宥》。
② 同上。
③ 同上。

不道德的,而是因为他们认为这么做是道德的。希特勒和他的追随者认定,他们正在做的事情是正确的,他们为世界盈满美德而践行。因此,《庄子》说,圣人无情。一旦观念中有了道德,那么就难以自持了:"与其誉尧而非桀也,不如两忘而化其道。"①或者,如同《庄子》中有一段对当时儒家重要美德——大概可以和今天的正义、自由等道德价值相比——的反驳:"仁义,先王之蘧庐也,止可以一宿而不可久处。"②《庄子》中的道家圣人是非道德的(amoral)——尽可能地不被道德沾染。

伦理道德的具体问题是——这是我的第一个假设——它会导致病态。它潜在地导向危险的片面性观点,或者用西方的术语来说,就是自以为是或自负。如果有人开始以道德视角来思考自己和他人,那么他眼中的世界就很容易分成黑白两部分,或者分成朋友和敌人两类。《庄子》和道家哲学并不是要混淆区别或差异,毕竟这些构成了这个世界以及这个世界的变化,但是道家哲学会试图寻找一种方式来求同存异。然而,伦理道德的判分,却对世界上差异之物的和谐共存构成了严重的威胁。如果有人仅仅视自己或者他人是不同的甚或是相反的,这还不一定就必然是对立的。但是,如果对差异的判分变成了道德判分,这就很可能会引发冲突。《庄子》和道家对伦理道德的担忧在于,道德将丰富多彩的差异性碾压,并转化成了破坏性的仇恨力量。

《庄子》为非道德的立场论辩,而不是持相对主义的态度,这二者是很不一样的。对于相对主义或者非相对主义是否代表了圣人的态度这个问题,《庄子》并没有作答,而是重在解决他或她如何来对待道德的问

---

① 《庄子·大宗师》。
② 《庄子·天运》。

题。答案很明了。圣人既不是道德的，也不是不道德的，而是试图使自己远离道德观念。不作道德判分，并不是无视世界上的差异和分别，而从非道德的视角来看待世界的差异性。或者用我在别处的话说，是站在零视角（zero-perspective）的立场上来看待差异。

我认为，道德判分的最基本问题，是它们并不是事实上的判分，而是在价值判断基础上所作的判分，是以个人偏见和利益为基础作的判分。道家的圣人既不逐利，也无偏见；他没有动机和目的。道德判断是源于采取了某种立场，而这一立场则是对现实强行做了一种特定的解释。道德范畴不是本质性的，而是附加在行为和事件上的东西。它们总是个人自身世界观之利益的独特事实所产生的结果。一个人通过用道德语言来描述某个事物，可以抬高自身的行为，也可以贬低他人的行为。道德语言具有好斗性，它可以用来证明某人自身的合理性，可以用来谴责他人，或者二者兼而有之。它带有修辞色彩，是一种利用事实或者行为来为自身增添荣耀的语义学。

针对我刚刚所说的一个显著的反驳是，对于极为可憎的罪行就需要即时作出道德反应，这是不可避免的道德批评？例如，有人由此会想到9·11事件。难道我们不需要以道德义愤来回应这样的罪恶吗？这可能是一个即时反应，但是，我确定这不是《庄子》中道家式圣人的观点。

我想再次引用《庄子》中的另一个故事。这个故事是关于古代中国一个睿智的大盗，即盗跖。我想再作一个现代式对比，以强调与他名字相联系的道德义愤。盗跖是本·拉登式的人物。他是一个犯罪组织的头目，在国家中制造恐怖事件，以罪行和残暴著称。在《庄子》中，有一段盗跖和他手下人的交谈——其写作形式类似于孔子和弟子之间的谈话。这段话说：

> 跖之徒问于跖曰："盗亦有道乎？"跖曰："何适而无有道耶？夫
> 妄意室中之藏,圣也。入先,勇也。出后,义也。知可否,知也。分
> 均,仁也。五者不备而成大盗者,天下未之有也。"①

暴徒和恐怖分子并不是没有道德——用中国古代之语来说,就是"有道"。他们也相信比起受害人他们自己要更有道。本·拉登相信他是在为某个正义的事业奋斗。他们的信从者也具有同样的信念。他们也声称自己是在以捍卫道德价值的名义而践行,而这种道德价值也正是谴责他们的人所持有的。道德并不是内在于行为本身;道德是用来评说行为的语言或者语义学的一个方面。与其说道德是对某个事件的唯一评价,不如说道德是一种解释的工具或者说是一种社会斗争。道德是时刻待人争夺的高地。

道德,与其说是防止人们做错事的内在的信念,不如说是帮助人们在行为发生之前或发生之后用以证明自己行为合理性的修辞工具。事实上,道德常常致使人们以善之名做极端之事,而这在他人看来是坏的或者是邪恶的。《庄子》中评述道,这是道德观念的主要效果。在一个充斥着大量道德话语的社会中,犯罪并不会减少。即便世界上所有的伦理学家都出面也未能阻止现今发生的战争和谋杀。道德话语与美好世界之间没有必然的关联。事实上,道德话语看起来倒像是一个问题,而不是解决问题的良药。这就是为什么《庄子》会如此评价盗跖和其徒弟之间的谈话:

> 由是观之,善人不得圣人之道不立,跖不得圣人之道不行;天

---

① 《庄子·胠箧》。

> 下之善人少而不善人多，则圣人之利天下也少，而害天下也多。故
> 曰：唇竭则齿寒，鲁酒薄而邯郸围，圣人生而大盗起。掊击圣人，
> 纵舍盗贼，而天下始治矣。……圣人已死，则大盗不起，天下平而
> 无故矣。①

按照《庄子》的看法，要使我们生活的世界变得更加安全和美好，我们需要的不是更多的道德，而是要减少道德。和平与道德不是一回事。事实上，它们常常是相悖的。

我想通过讨论《庄子》哲学中的另一个与哲学相关的特性，也即非人文主义（nonhumanism），来总结自己对《庄子》消极伦理学的思考。在非病态的社会状态下，是不需要道德的，与这一主旨一致，《庄子》说："至德之世，不尚贤，不使能。上如标枝，民如野鹿。端正而不知以为义，相爱而不知以为仁，实而不知以为忠，当而不知以为信。"②在一个非道德的社会中，统治者和被统治者都失去了他们作为人的特性：他们都成了标枝和野鹿，这是《庄子》消极伦理学最激进的表达。这正与在古代中国占统治地位的儒家道德观念相反，在此，重点不仅是儒家所坚持的具体道德价值，也在于他们对人之教养的整体规划。《庄子》反对儒家人文主义思想，庄子理想的社会状态是人的动物本性在其中苗壮生长的社会。

《庄子》消极伦理学中的反道德主义，是其非人文主义的一个重要成分，也是其坚实的非人类中心主义理路的重要组成。我认为，早期道家哲学试图创造关于社会、宇宙和个人的理念，而这个理念主要不是集中在人类的素质。在此我不能详细讨论这个问

---

① 《庄子·胠箧》。
② 《庄子·养生主》。

题，①但是我认为这种解释可以和当代哲学话语中的后人文主义声音相呼应。② 这种声音的力量已经壮大了，至少，有一位英语作家约翰·格雷，他引用了很多道家的文献，吸收了很多道家思想。在这一章的末尾，我会以他论著中一段精简的论述作结尾，他的这一论著是《刍狗：对于人类和其他动物的思考》(*Straw Dogs: Thoughts on Humans and Other Animals*)，这本书概括了一个关于后人类主义、反道德主义的消极伦理学的当代版本。

在格雷看来，现代西方人文主义是基督教神学的世俗性继承者。人类是能够运用自由意志的唯一存在，因此理所当然地就肩负起了改善这个世界的重任。据格雷的研究，19 世纪思想家，例如法国的实证主义者圣西门(Saint-Simon)、孔德(Comte)等，英国的自由主义者密尔(Mill)，以及卡尔·马克思(Karl Marx)，都将人类的能动性世俗化了。他们对于人文主义的看法就是"后基督的信仰，相信在这个世界上人能够比任何事物更好地改善这个世界"；这"是将基督教的救赎信条转换成了关于普遍的人类解放之规划"。③

根据格雷的研究，现代西方的进步叙事、人类对世界的主宰，关于科学和理性的万能的各种论调，都无非是对人类掌控力与权力的幻觉。按照他的反人文主义视角，人类是盲目的进化潮流的产物，但这个世界并不主要是属人的世界。与人类中心主义的观念不同，格雷诉诸盖亚

---

① 关于《老子》的反人文主义阅读，可参看拙作《〈道德经〉的哲学》(纽约：哥伦比亚大学出版社，2006 年)。
② 比如我所知道的凯瑟琳·海勒(N. Katherine Hayles)和唐娜·哈拉维(Donna J. Haraway)。
③ 约翰·格雷：《刍狗：对于人类和其他动物的思考》，(伦敦：Granta，2002 年)，第 xiii 页。(此书已有中译本，《稻草狗：进步只是一个神话》，新华出版社 2017 年张敦敏译本。——译注)

假说(Gaia hypothesis)，即"地球在很多方面如同能自我调节与管理的机体"。① 按照这种假说，意识控制和自由选择仅仅是人类膨胀的虚荣心所致。而人类所生存于斯的更宏大系统不是也不能为人类所操纵。相反，它们可以被看作自我管理、自我再生的。

关于主宰的人文主义话语的一个主要产物是对于道德规范的信念。现代西方道德哲学可以被视为基督教价值观的世俗化版本："我们的信念或者说伪装(pretence)——认为道德价值优先于所有其他的有价值的事物，其形成有很多种来源，但主要是来自基督教教义。"②道德哲学是在启蒙运动期间以及之后发展起来的理性控制和社会进步话语不可分割的一部分。然而，在实践中，道德进步的愿景往往会导向灾难。可能有人会想到1794年的恐怖事件中罗伯斯庇尔对美德的崇拜，尤其会想到，距离我们时代尚近的一些国家和地区，其尝试与实践都引发了大规模的破坏。格雷评述道："20世纪之所以特别，不是因为充斥了大屠杀这样的事件，而是这种屠杀的规模及其发生是为了更大的关于改善世界的愿景而进行的预谋。进步和大屠杀携手并肩而至。"③

作为对于现代性的人文主义道德愿景的替代物，格雷主张采取道家的路径，宣扬"动物道德"，即自然产生的、无为的道德。在他看来，美德并不在于理性责任和道德法则的建构中，而是在于自发地践行。而对他而言，美德是"一种人类特有的疾病，美好的生活是对动物道德的提炼。这由我们的动物本性而引发，故而伦理学不需要追根溯源"。④ 他在下面这段话中总结了他关于消极伦理学的后人文主义的、

① 《刍狗》，第32页。
② 同上书，第88页。
③ 同上书，第96页。
④ 同上书，第116页。

新道家主义的说法：

> 我们并非独立自主的主体，这一事实可以说是对道德的致命一击——但这可能是伦理学的唯一的基础……在日常生活中，我们不会预先检点自身的选择，然后再将最好的那个付诸实施。我们只不过是在处理手头在发生的事情。我们早晨起床，穿上衣服，这些都是无意之举。我们也以同样的心态帮助我们的朋友……在西方传统之外，古代中国的道家思想不在"是"与"应当"之间设鸿沟。正确的行为基于对形势的清晰观察而做出的。他们不步道德主义的后尘，也不追随他们眼中的儒家，不试图以规则与法纪束缚人类。而对于道家来说，好的生活就是可以灵妙栖息的自然生活。它没有任何实用的目的。它与意志无关，它也并不希图实现任何理想。①

依笔者所见，这一说法是当代思想理论中最能抵近道家思想中道德愚人之消极伦理学的最好说法。

---

① 《刍狗》，第112页。

第二部分

伦理学的病理

第三章

多余的道德

　　在上一章的结尾,我援引了约翰·格雷的说法:在日常生活中,我们通常并不是在道德地思考,也不是在道德地行动。我们早晨起床后穿上衣服并不是出于某种道德的目的,而且在一天中的大多时候我们都是这样度过的。只有在特别的情况下,我们才被迫——或者感觉被迫,或者我们自我强迫进行道德地思考或道德地行为。《庄子》中有一段话,非常诗意地表达了这一含义:"蹑市人之足,则辞以放骜,兄则以妪,大亲则已矣。故曰,至礼有不人,至义不物,至知不谋,至仁无亲,至信辟金。"①(《庄子·庚桑楚》)越亲密和熟悉,就越不需要造作繁琐的人为礼仪——一个简单的微笑就足够了。只有当你踩了别人的脚,而此人是与你关系不密切的人时,踩了别人的脚才会变成道德问题。道德姿态和道德交涉只有在面临潜在的关系冲突时才发挥作用。如果你踩别人的脚被视作不道德的,那么你就不得不为了避免与他人冲突而

---

① 葛瑞汉:《庄子内篇》(*Chuang-Tze: The Inner Chapters*),(Indianapolis: Hackett,2001 年),第 81 页。关于原文,见《庄子集解》,载《庄子集成》,北京:中华书局,1954 年,第三册,第 351 页。

向其道歉。对美德和道德行为的需求源于自然性和谐的匮乏，因此，我们对美德和道德行为的需求更多的是一个社会问题，而不指涉于一种和谐的状态。正如尼古拉斯·卢曼所指出的："毕竟在日常生活的互动中，是不需要道德的；相反，道德是病理发生的征兆。"①

在本章中，一方面我想证明，道德在我们大多数活动中是不需要的。事实上，道德是在社会危机显现的情况下才会被提及的。正如道德判分是区分好坏的极端形式，对道德的需求也只有在极端情况下才会发生。另一方面我提出一个建议，在很多社会情境中，道德的害处远比其益处要多。因此，道德往往显得是多余的，在某些情况下，甚至是令人生厌的东西。

现在我们来讨论三个在日常生活中道德多余的案例。第一个案例我在本书的引言中提到过。在父母和子女的关系中，道德通常只起到次要的作用。比如我之前提到的，如果有一个婴儿彻夜大哭，没有人会认为因为孩子大哭那么他的父母就应该生起道德上的愤怒，尽管他们确实会觉得很烦，有挫折感。但是父母对子女之爱是天性如此，他们不会将道德范畴引入到这个领域。同样，父母的批评也是如此，而一般不会发生的在双亲和孩子之间的争吵也是如此。如果父母责骂孩子，他们一般不会认为孩子是道德上邪恶的，即使孩子犯了比较严重的错。这并不意味着父母就赞同孩子的所作所为，但是他们不会在道德上谴责孩子。如果他们真地在道德上谴责孩子，这将意味着通常的亲子关系产生严重的破裂，相亲相爱的关系处在了危险的边缘。如果有人将道德评判引入到了家庭事务中，就会使家庭存在严重的冲突与不和谐的可能性，而且，这不是简单的非此即彼，而是剑拔弩张。家中若其乐

---

① 尼古拉斯·卢曼：《大众传媒的真实性》(*The Reality of the Mass Media*)（斯坦福：斯坦福大学出版社，2000 年），第 79 页。

融融，便无需道德。在绝大多数的文化中，人们都认为，双亲和子女之间不应该在道德上互相责备。相反，父母应该爱他们的孩子，即使这种爱可能会存在道德上的问题，反之亦然。

当然，必须承认的是，父母一般都会去教育他们的孩子做一个有德的人。但吊诡的是，这并不意味着当父母教孩子如何作道德判断时使用的都是道德化的方式。比如，哥哥欺负妹妹，那么父母都会劝告他不要欺负妹妹，但最终他们也不会就因此而爱妹妹胜过爱哥哥。求助于道德会在少数的极端情况下发生（如兄弟姐妹之间互斗），但是这不会有损于家庭成员之间感情的纽带。如果父母主要在道德层面上评判他们的孩子，那么父母子女间将产生重大的情感危机。

道德与家庭之爱二者之间发生冲突的例子也是存在的，尤其是关于性方面。例如，在许多文化中，婚前性行为都被视作很不道德的，甚至是不可宽恕的。如果这样的事情发生了，有时候按照道德准则，父母会驱逐甚至杀死他们的女儿。我不能想象，如果一个家庭套上道德枷锁，会产生怎样的情感与社会的煎熬。也许可以说，这个例子表明一个错误的或者不道德的道德准则（如一个人必须杀死自己有婚前性行为的女儿）所能引发的危害，但是在我们的社会中又如何呢？父母应该在道德上责备孩子，或者妻子应该在道德上责备她的丈夫？这种情况是否不同于性方面行为的情况？例如，我们所认为的极不道德的儿童色情作品，在道德期望和亲情之间的类似冲突会发生吗？在此，我想说的是：在一个家庭内部，道德准则并不占主导地位，也不应该占主导地位。一般来说，家庭中的爱与道德判断并无任何关联。只有在极端情况下，道德准则才居主导，当道德准则占统治地位的时候，那必然是和谐的家庭关系崩裂之时。

第二个关于道德多余的例子是体育，但是我所说的体育可以广义地包含许多其他的活动，这些活动都遵循一定的规则，规则或多或少具有强制性。例如，作为教育机构的学校和大学就是以规则为基础运行的，大多数的竞技性体育运动都预设了一套相对严格的规则，美式橄榄球就是一个很好的例子。出于许多理由，这些规则都是很有必要的。首先，它们对参与者都设定了基本平等的有利条件和不利条件，所以游戏的结果是不可预测的。其次，必须有规则来为游戏或运动提供基本的组织和架构。如果没有规则，就很难为游戏或运动定性。在大量涉及身体接触的体育运动中，为了确保参加者的安全，制定规则显然是十分必要的。有了规则，胜者和败者也才能区分开。而所有的这些规则的作用都不具有道德倾向。职业摔跤比赛就是体育运动的怪诞模仿者，它体现出了这样的几个特点，与真实的体育竞赛不同，它并没有明确的规则。虽然它的结果是可以确定的，但参与比赛者的人身安全也是可加以表演性嘲弄的东西——往往在摔跤比赛中会附加上一段道德性的戏说或者演讲。职业摔跤犹如一出戏剧，从这项运动的身上可以隐约窥见，如果体育是一场道德化的喧闹时，会发生什么事情。

体育运动规则有一个重要的与道德无关的方面是，规则仅仅在运动项目中使用，也是出于让运动能够持续下去的目的。如果有人违反了规则，会遭到处罚，最坏的情况是被驱逐出赛场。但是通常，这并不会导致人们作出超出比赛本身之外的道德判断，不会对参加者本身的道德品性进行评判。只有在极端的情况下，违反规则的人才会被视作坏的或者邪恶的人。事实上，体育道德风尚一方面就在于比赛结束后双方依然能够友情握手，且不会心生嫌隙。输赢都与道德完全无关。可以因为参加者在竞技场上的表现为标准来责备输者，但是除此之外因为其他方面而责备输者，就是对体育精神的违背。如果教练在道德层面责备他的队员,这肯定是极端的问题。当然有时候,队员会在道德层面受到批评。如果他们没有全身心投入比赛的话,就会受到这种批评:或者更严肃地说,如果他们服用违禁药品或者攻击对手的话,那么他肯定会受到道德上的批评。但这也已经是例外的情况了,是危机发生的信号。这些就意味着体育比赛的结束,而且一般来说,这样的情况会在赛场之外以别的形式进行。这样的话,一个运动员有可能结束运动生涯,受到经济上的处罚,或者被移交至法律系统。

在比赛期间,道德判断应当远离竞技场。没有人在看比赛时还在道德批判。如果道德类的东西渗入,比赛就会变质。如果对手互相攻讦,那么通常来说比赛就很难进行下去了,而且如果其中一个队的支持者也这样做的话,那很容易发生暴力。为了防止此类事件,在比赛前后以及比赛过程中,都会有各种各样的礼仪性手势,例如比赛后的握手,但是还有其他的形式,这些手势可以表明它的非道德特征。

体育比赛中的公平不是道德问题,而是遵循规则和约定的问题。那些没有公平进行比赛的人会受到处罚,但这种处罚不是道德意义上的,特殊情况除外。同样,这也能解释我们对体育明星的崇拜。尽管人们可以夸赞体育明星在赛场外的杰出品性,但是这只是对他在体育成就之外微不足道的、锦上添花式的勋章而已。许多的体育传奇人物,如贝比·鲁斯(Babe Ruth)、韦恩·格雷茨基(Wayne Gretzky)、贝利(Pelé),他们在道德上并不为人称道。或许体育发挥了能将我们从道德判断中脱离的作用,它可以使我们以不那么严肃的方式来审视好坏之分。我们知道,即使我们的团队输了比赛,也不会导致我们遭受道德上的评判。

在许多活动和社会关系中，交流时都不会使用道德词汇，只有如此，我们才能与他人融洽相处。在大多数正常情况下，我们不需要以道德或者不道德的身份展现；我们只是非道德的。*为了进一步论证我的这个观点，我会列举第三个例子。这个例子是受我的同事方岚生（Franklin Perkins）的启发：决定是否要欺骗自己喜欢的人。我想，就是在这样的情况下，一个人也可以成为一个道德愚人，而且，许多人大都会这样做。解决这个困境，存在三个可能的道德立场：不道德的、道德的、非道德的。一个不道德的人会全然忽视所有的道德考量，而故意违反任何已定的道德准则。相反，道德的人会将他自己的决定完全放在道德信念的基础上（比如，通过宗教、社会环境或者意识形态形成的道德信念）。而非道德的人不会以道德准则为凭借，而是以复杂的情感（mixed feelings）为基础而践行。按照完全的道德准则行事，是不会有简单的解决办法的，他永远不会知道他的所作所为（不论哪种情况）是否正当。在我看来，实际上，非道德的立场是上述三种立场中考虑最为全面的，因为人的思量不会以一个给定的道德准则而停止，其中还包含了情感（我更爱谁？）、实际的考虑（哪种关系更可行？）以及个人的约束（我的孩子会怎么看？），所有的这些思量的因素主要都不是道德性的。我也认为，非道德的立场是最符合实际的一种立场，因为大多数人行事都很可能不以道德的立场为凭借（或者故意以相反的立场去做）。事后想来，许多人会对他们自己说："我做了我应该做的，因为这是道德的。"但事实真的是如此吗？他们会这样做，是因为他们觉得这是一件好事，而好与道德二者并非必然一致。

上文所讨论的前两个例子揭示出了两种非常重要的化道德之浓毒

---

* 在本书中，作者常常交替使用 amoral 和 nonmoral 两个词，二者都具有"非道德的""与道德无关的"含义。而 immoral 的含义则是"不道德的"。

的良药：爱——涉及亲情关系时，以及法律——涉及非亲情的社会关系时。①爱和法作为社会机制发挥作用时，会使道德准则被搁置一边与报废。在大多数情况下，爱与法并不会完全抹杀道德的作用，而是使道德处于受监管的状态下。作为解毒剂，爱和法能够防止道德在社会上的泛滥。相对于道德来说，刑法的设立，其作用和体育比赛中的规则相似。一项惩罚会使运动员在一定的时间内不能参加比赛，或者以其他方式制约运动员。但这是说，运动员不会受到任何与比赛直接相关的结果之外的惩罚，一段时间之后他又可以重新回到赛场。运动员被禁止参加多项比赛，但是这不意味着对他个人本身会有影响，或者会使他遭受歧视——当他重新返回赛场时。刑法在很多情况下，也是用来给人提供一个重新回归社会的机会。一旦刑期结束了，惩金也缴了，那么这个人就可以继续不受束缚地过他自己的生活了。

与法律的惩罚不同，道德评判则是无期的。对原罪的拯救（宽恕）也只能是通过（来自上帝的）爱来达成。如果不是爱或者法律，那么道德谴责则会持续下去。当然，在极个别情况下，法律也可以以无限制的方式进行惩罚。许多国家仍然在实行死刑——但是我在第十一章中会论证，这是道德对法律进行侵染之体现，因而从一开始就是很有问题的法律措施。虽然有些罪犯被判罚终身监禁或者被严控在医疗机构中，然而，出于实用的角度，这样做具有正当性，因为将这样一个危险的罪犯释放出来是极具危险性的。一个淫魔（sexual predator）被监禁，主要不是出于道德的原因，而是为了保护他人（甚至也可以说，是为了保护他自己）避免受到进一步的伤害。在笔者看来，爱与法是取代道德的有效社会机制。它们可以通过清晰的、实用的方式来处理社会上各种破

———————

① 关于我对于"爱"和"法律"两个概念的详细讨论，可以参阅本书的"导言"部分。

坏规范的情况，包括极端情况。而且，通过限制处罚，为罪犯重新变为正常人、与社会和解保留了机会，为社会和谐以及冲突的解决提供了另一种可能。

上文所讲到的第三个例子涉及生活中的一个共性问题。一个人常常会遇到必须作出选择的情况，而这种情况不能通过法律方式来解决，爱也对此无能为力。因此，可能有人会辩解说，若此则道德在日常生活中就绝对不是多余的。在许多情况下，一个人必须作出道德的选择。我想欺骗未婚妻这个例子表明的是：首先，即使是在日常生活中，作出（上述的）道德选择的需要也是很有限的。而绝大多数情况下吃饭、开车去上班、做自己的工作、晚上看电视，我们都不会面临道德的困境。大多数人会发现他们自己并非常常会陷入决定是否欺骗自己的另一半那样的困境中。

尽管道德困境是特例，而非常例，但是它们并非不会发生。道德家会说这样的特例是生活中的决定性时刻（defining moments），它们是最重要的最关键的事情。我认为，面临这种关键情形时，常常也不是单纯靠道德可以解决的，甚至主要不是靠诉诸道德标准来解决。关键情形往往是非常复杂的，这就是为何说它们是关键的。它们充满了问题，因为它们是极端的，因而解决这种情况的方式也不会简单。很多因素都在其中发挥作用，这些因素会互相冲突。很难作出一个决定是因为有如此多的因素要加以考虑，并不能清晰判断出何者为最需优先关注的问题。在这种情况下，道德考量对一个人的决定可能是有帮助的或者有用的，但是如果以道德的考量压倒其他一切考量，那么这个决定就很成问题了。单纯以道德原则为凭借作出决定的人，也即道德原教旨主义者（moral fundamentalist），其结果很可能是作出了一个不切实际的决定，这样的决定会伤害与他亲近的人，甚至有可能触犯法律。

海因里希·冯·克莱斯特(Heinrich von Kleist)*所写的《米赫尔·戈哈斯》(Michael Kohlhaas)正好反映了上述所说的那一点。米赫尔·戈哈斯与道德愚人正相反,他是一个具有高尚道德的人,但是经受了一次明显的不公,这使他极为愤怒。他冒险进行了一次改革行动,很快改革就变成了一场社会动乱。由此,他变成了烧杀抢掠的暴徒,不但毁了自己的生活,也毁了家人和信从他的人的生活。毫无疑问,至少开始的时候,米赫尔·戈哈斯在道德上是对的,但是他将自己的行为建基于道德之上的结果却是灾难性的。在此,一个相对来说微小的不公就引发了一场严重的社会危机,造成了很大的伤害。这个故事表明,在道德上正确的东西并不必然是好的。事实上,单纯以什么在道德上是正确的这样的感情为基础所作出的决定,会导向黑格尔所说的“自大狂”(frenzy of self-conceit)。①

即使有人认同,道德往往是多余的,然而他也仍然可以说,对社会中的各种价值进行定义是很重要的。有人会说道德价值,例如正义、公平、自由和关爱,是家庭生活、法律系统和日常交流的基础,因而是整个社会的基础。或者他也可以说,我所讲的关于反对道德的例证,实际上,也是一种道德价值,且是基督教的道德基石。

但是,我对于爱的看法,与其说是基督教式的,不如说是儒家式的。儒家将发于情感之爱视作家庭内部的自然情感纽带,而不是作为一种美德或者道德价值。我不同意基督教博爱的观点,在我看来,并

---

* 海因里希·冯·克莱斯特所处的时代正是启蒙运动晚期,当时倡导的观念是用理性分析世界,万事万物可得到解释。而他的文学作品正源于自身信念的完全破灭,所表达的跟当时的启蒙运动所倡导的理念更是背道而驰。

① 见黑格尔:《精神现象学》(*Phenomenology of Spirit*),第 V.B.b 部分,A. V. Miller 译(牛津:牛津大学出版社,1997 年)。

不存在也不应存在一种必须要去爱他人的道德义务。而如果家庭成员之间彼此不相爱，这才是一个很严重的问题。诉诸道德价值，并不能创造出原本就缺乏的爱。可以鼓励一个人提携、关爱或者尊敬家庭成员，但是让一个人去爱他根本不爱的人则是不可能的。不爱幼童并不是不道德的，而是令人悲哀的。也许在康德哲学的意义上，义务的实现，是一种道德视角，可以取代家庭中的爱。不爱自己孩子的父母，也仍然可以将照料孩子视作他们的义务。但我想揭示的是，在这种情形下，以道德来代替爱并不比通过法律命令让他们抚养孩子更有效或者更好。

很显然，在当代社会中，诉诸法律，法律判决并不是以对道德价值的评估而是以法律考量为基础的。例如，围绕堕胎的道德争论，其中一方认为保护生命是绝对的道德（宗教，或者二者兼具）义务，而反对的另一方则会说，我们有尊重一位妇女掌控自己身体的道德义务。然而，在大多数开明的社会中，关于堕胎的立法，并不是以其中任何一方的道德立场为基础来立法的，即并不认为哪一方在道德上更优越。审判官也没有在道德上判定该堕胎的妇女是否正当，而是在法律上判定她这样做是否正当。该妇女有法律上的权利堕胎并不意味着她拥有或者不拥有相应的道德权利去这样做，这二者并不等同。一个关于堕胎的法律判定并不能解决关于堕胎的道德问题。道德价值的维度超出司法之外，法律对此是不加考虑的。法律判决并不等于对道德价值作出了判断，而是对现存法律作出了解释或者修正。也就是说，此判决是在法律一贯性的基础上作出的，而不是以伦理道德为基础作出的。① 法官或审判团应当关注的是什么与现行法律相符合，而不应关注什么与某种价值相符合。

---

① 关于法律的连续性问题，可参尼古拉斯·卢曼：《作为一种社会制度的法律》（牛津：牛津大学出版社，2005 年）。

在我们生活的社会中，一个运行良好的法律系统，用尼古拉斯·卢曼的术语来说，是"自我运转的"（operationally closed）[1]。其意是说，法律系统不同于道德的、宗教的、政治的以及经济的交流。司法判定并不被认为应当是道德的、宗教的、政治的或者经济的。但是这并不意味着，道德、宗教等并不会影响法律系统，而是说，这种影响并不会干扰其独立自主性。一个法律系统，如果运行良好，能够经受外在的压力，并最终给出判决，而此判决既不是道德的、宗教的、政治的，也不是经济的，而纯粹是法律的。法律价值，也即权利（rights），虽然也可以从道德的、宗教的、政治的和经济的价值中获得，但是决定性因素却是，权利必须从这些价值中分离出来，从而成为法律权利。在共时性和历时性维度上，都存在一个法律系统的社会环境，其中包含了这样的价值，如生命、自由、财产，等等。而在此法律系统中，那些价值变成了权利，因而它们的功能与道德价值或者宗教价值是截然不同的。

　　一个社会中，如果法律被道德的、宗教的或者政治的价值所统治，这样的社会就是没有独立法律系统的社会。在有的国家中，政治意识形态、宗教或者某个经济阶层就控制了法律系统。例如，如果宗教统治了法律系统，那么宗教权威就可以轻而易举地禁止堕胎。这样的情况已经在许多国家中真实发生了。在这种情况下，一套价值完全压倒了其他的所有价值。道德价值的问题在于，它们常常会彼此冲突，例如在关于堕胎的问题上。在一个宗教主导的社会中，可能会有一个关于此类问题确定的解决方式，这种解决是以持有道德或者宗教价值的特定权力阶层为基础的。道德、宗教和法律是平行运作的。然而，在一个功能分化的社会中，并不存在一套固定的价值。道德的、宗教的、法律的、

----

[1] 其意思是，法律体系是自成一体的，能够自我良好运行，而与道德或者其他事物没有关联。

政治的和经济的价值并不一致。在大多数的现代社会中，法律权利并不自然就可以转译为某种具体的道德或者宗教权利，反之亦然。笔者认为，一个没有这些价值丛生的社会要比有这些价值丛生的社会好。即使法律权利是来自道德（或其他）价值中，或者受其影响，但是我想，法律系统的作用就是要提出它自身的非道德的（和非宗教的，等等）价值。那么，道德价值在某种意义上即是多余的。

在日常生活中，我们并没有将太多时间花在对基本道德价值的思考上。我们作出的多数决定都是通过非道德化的（amorally）方式。即使是在危急情况下，我们也在考虑与之相关的非道德的（nonmoral）价值。但是，如果我们仅仅以道德价值为基础作决定，我们也仍然面临着必须要在"头顶的灿烂群星"①中作出选择。道德价值内部并不具有内在的、官方认定的层次结构。因此，道德价值并不能为日常生活提供基本的指南。对于何种价值是最有价值的，也不能达成共识，而在你采取了某个行动之后，别人也总能找到理由指责你作出了一个不道德的（immoral）决定。道德标准在决定某些事情时是有用的，但是不能说这种价值为我们在社会中的日常沟通交流提供了牢固的基础。根据经验来说，道德价值也绝对不能提供终极的指南。没有任何一种道德价值，可以告诉我们当我们处在某个具体情况下应该如何行为。一个人可以使用道德价值为她的行为作正当性辩护，例如堕胎，但是她不能对此问题提供一个事实上的道德解决方案。我们可以判定堕胎在法律事实上是否合法，但是却不能判定其在事实上是道德的还是不道德的。我们可以相信它是道德的或者不道德的，但是我们永远不会得知，也无法得知它是否道德。

---

① 尼古拉斯·卢曼：《有些标准是社会不可或缺的吗?》(*Gibt es in unserer Gesellschaft noch unverzichtbare Normen?*) (Heidelberg: C. F. Müller Juristischer Verlag, 1993 年)，第 19 页；此处引文为笔者翻译。

第四章

"道德的愤怒"

有一种情感，我发现最令人感到不舒服，以至于会让人辗转难眠，这种情感就是义愤（righteous anger）。如果遭受了极度不公的待遇而不公方又未被处罚，人就很难气定神闲。不仅仅是我个人遭受了不公，更重要的是，这种不公还未被人意识到。例如，我被人使了阴招，这是公众无法察觉的。或许，我当时找不到恰当回应侮辱的办法，或者可能当他人认为我错了的时候而我其实是正确的。诸如此类的事情，都会引发情感上极度的痛苦，产生上面所说的义愤。无数的小说、电影和戏剧的片段，也都是围绕着类似的冲突而展开的。尤其是，情感只有到了最后结尾处才能宣泄，在这时，恶人也得了应有的惩罚，而好人攻克万难，最终战胜了邪恶，道德的平衡也才得以恢复。只有当道德危机解决了，义愤才会平息下来。

而在实际生活中，我注意到，道德危机往往得不到解决。可能，我有一个同事，其伪善让人无法想象，他每天都会违反很多基本的文明礼仪，但是他却总是"逍遥法外"，安然无恙。或者，我的家族里有一个很贪婪的人，他不善待自己的亲人，但却不能因此拿他怎么样。或者，我认识一人，他自私无耻，但是却飞黄腾达，一年更比一年富。当我在思考这些人事物时，我发现很难压制自己的愤怒，很难不希望他们遭到某种报应或者天谴。但是这样的希望却很少能实现。

愤怒和道德是紧密关联的。对某个被视为邪恶的人，是很容易对之产生愤怒的。不幸的是，这种情感却往往会伤害那些有这种感觉的人，而不是有恶之人。

看起来，只有两种方式可以排解一个人的义愤。要么是恶人最终受到审判，感到义愤的人停止使用道德措辞来看待做坏事的人。要么是坏人遭到了报应，感到义愤的人设法忘掉所谓的坏事。前一种解决方式的问题在于，更有可能也更容易在小说而不是在现实中找到。后一种解决方式的问题在于，这种强烈的情感，是很难忘却的。也可以为这两种方式贴上标签，一种是道德式解决，一种是非道德化的（amoral）解决。或者更准确地说，后者是对愤怒的消解。

第一种解决方式的坚定支持者是美国作家沃尔特·伯恩斯（Walter Berns），他强烈地支持以"道德义愤"①为基础的死刑。在这本书后面的部分中，我讨论了沃尔特·伯恩斯所说的道德与死刑之间的具体关联，在此我主要集中于他理论中的心理学方面。他的论证是非常简易直接的，他认为"愤怒与正义是相关联的"，并解释说："如果一个邻居遭受罪犯的折磨，而人们对此无动于衷，那么他们的道德本能就已经被腐蚀了，他们就不是好公民。"或者概而言之："没有愤怒和与之相伴的道德愤怒，就不会有道德共同体的诞生。"②

① 沃尔特·伯恩斯：《处以极刑：犯罪与死刑的道德性》（*Capital Punishment: Crime and the Morality of the Death Penalty*）（纽约：Basic Books，1979 年），参看此书的第五章"死刑的道德性"。这本书中的这部分被收入《惩罚的哲学》（*Philosophy of Punishment*），Robert M. Baird 与 Stuart E. Rosenbaum 主编（Buffalo：Prometheus Books，1988 年），第 85—93 页，冠名以《道德义愤》。
② 见沃尔特·伯恩斯：《处以极刑》，第 154—156 页。

按照这种观点,愤怒和道德,是相互支撑的。它们对于个人和社会都是好的和必要的,(对做坏事的人的)愤怒是对违反道德准则的反应,因而是正义的、高贵的(即使充满了痛苦的)情感。道德导致愤怒,愤怒又导致道德,或者如沃尔特·伯恩斯所说,缺乏愤怒意味着缺乏道德(这也可以看作进一步愤怒的一个理由)。因此,惩罚作恶者在情感上和道德上是必要的。这可以使产生义愤的人缓解痛苦,通过对罪犯"还之其身"的方式而恢复道德的平衡。① 按照沃尔特·伯恩斯的观点,道德义愤对个人和社会来说都是健康的东西。个人与社会的道德和精神健康可以通过他们所产生的道德义愤来衡量。

沃尔特·伯恩斯在他关于愤怒与道德的论述中也正提到了亚里士多德。② 但仍然,至少就我的视角来看,亚里士多德关于道德愤怒的观点比沃尔特·伯恩斯的观点更为微妙,相对来说不会引起争论。在他论述修辞学的论文中,亚里士多德探讨了愤怒以及如何在公众演说中调动愤怒,他对许多其他情感、感觉,以及如何利用它们成功论证某事和在公共演讲中说服他人作了复杂考察。亚里士多德勾勒出了一种关于愤怒的特殊语言学,他对愤怒的分析从定义愤怒开始:"愤怒(可定义为)是与(精神和身体上的)不幸相伴随的欲望,这种欲望是因为某个明显的——不加辩解就对自己或者与自己亲近的人的——轻蔑而产生的明显的报复。"③这种对愤怒和道德的理解与伯恩斯的理解很接近。愤怒是(道德上的)不公正的结果。只要没有对让人感到愤怒的不公正进行报复,

① 见沃尔特·伯恩斯:《处以极刑》,第 8 页。
② 见《道德义愤》,载《惩罚的哲学》,第 86 页。在这部书的原版中并没有提到亚里士多德。
③ Rhetorica,1378a. 见亚里士多德:《修辞学》(*On Rhetoric: A Theory of Civic Discourse*),肯尼迪(George A. Kennedy)译(纽约:牛津大学出版社,1991 年),第 124 页。

那么这种感受就是不幸的或者说是痛苦的。但是很快，亚里士多德又说："从能够成功报复的希望中产生愤怒体验，而随之而来的是一种愉悦。"他还引用了《伊利亚特》中的话对此作了说明："比浸入喉咙中的蜜还甜，它在男人的胸膛中生长。"愤怒的感受模棱两可，一方面，我们为之所伤，而另一方面，它又将我们引向报复的幻象中，极富鼓动性。亚里士多德解释说："愉悦随之而生，也是因为人们的内心专注于报复；故而由此产生的幻象就产生了愉悦，就像在做梦。"①在亚里士多德看来，这种位于痛苦和愉悦之间的特殊张力，正是愤怒心理的内核。也正是这一点，使得那些触及报复的文学和影视作品显得极富吸引力。愤怒是种模棱两可的体验，与之相关的痛苦也和满足的喜悦并存。伯恩斯所说的愤怒的道德显然包括了这点，这使得他的伦理学是一种冲动的伦理学。它建立在对报复的渴望以及关于痛苦与愉悦的情感语义学之上。再次引用亚里士多德的话来说，愤怒的道德是具体的人类"欲望"的产物。这种道德不是建立在准则、原理或者行为规范之上，而是建立在情感之上。

在《修辞学》中，亚里士多德详细考察了道德愤怒的具体来源，他特别关注蔑视。在一个如古希腊那样的社会中，伦理主要是建立在习俗和公众行为上，轻蔑和侮辱是非常严重的。若荣耀是社会声誉的基础，则侮辱就是公共性的贬低，侮辱他人必然会遭到回击。因此，亚里士多德对蔑视的分析有其具体的文化背景，并不能严丝合缝地适用于当代社会中。这并不是说在今天侮辱仍然不会引发愤怒，但其他的无礼形式（如第三章开首所举的三个假设）也同样可以视作侵犯他人的行为，或者较之更甚。在亚里士多德所讲的愤怒的道德

---

① *Rhetorica*，1378b，载肯尼迪译本，第125页。

中,其具体文化语境的关注点,与——随之伴生的——更一般的对于愤怒的情感辩证法洞见并无关联。有趣的是,亚里士多德比较了道德的愤怒和冷静(calmness)。他说:"冷静(可以定义为)是对愤怒的消解,使愤怒平静下来。"①因此,冷静可以定义为从愤怒中解脱出来或者是愤怒的消解。

但亚里士多德理论的最重要方面,在伯恩斯的伦理理论中却忽略了。亚里士多德在其关于修辞学的著作中对愤怒的道德和冷静做了研究。换言之,他最终的目的既不是伦理的,也不是心理的,而是修辞学的。他处理了道德和道德情感,以阐明有效的言辞是如何被创造出来的。他关心的是其理论的实际效用,也就是说,他关注的是应用性的道德心理学。当他述说自己对冷静的分析时,他对这一点是很清楚的:"因为变得冷静是变得愤怒的反面,愤怒是冷静的反面,那些冷静的人的心灵状态应该是被(讲演者)参透的,他们对谁能保持冷静以及出于什么原因。"与此相类似,他总结了对愤怒的分析,他说:"显然,在讲演中使(听众)置身于那些将会愤怒的人的心理状态中,表明对手应当为那些引起人们愤怒的事情负责,以及这些对手就是愤怒所朝向的那些目标群体,这在讲演中是很必要的。"②

亚里士多德非常明确,他的道德心理学应当作为修辞工具来使用。在古希腊,老道的演说家能够耸动其听众心中的道德情感,即愤怒的情感。如果你想鼓动公众,那么最有效的一个——如果不是唯一的最有效的——工具就是让听众感到义愤。演说家的任务就是将冷静的听众变为愤怒的听众。道德化演讲就是达到这个效果的最好方法。伯恩斯所说的愤怒的道德,不是伦理原则,而是社会的,更具体地

① Rhetorica,1380a,载肯尼迪译本,第130—131页。
② 同上书,1380a,载肯尼迪译本,第130页。

说，是修辞学的、情感的或者交流的工具。根据亚里士多德的理解，愤怒的道德是种社会技术；而根据伯恩斯的理解，愤怒的道德则是个体与社会健康的指示器。但是如果按照伯恩斯所说，那就意味着愤怒指示着个体精神和社会健康，由此我们可以顺着亚里士多德推测，这种健康就在于将冷静的个体和社会转变成愤怒的。不过哲学家们之间就愤怒的使用并非完全异口同声。有些哲学家便认为冷静不仅更可取，而且更健康。

在东方哲学家中，道家不是唯一的质疑激奋状态，特别是道德激奋的哲学流派。此外，主要质疑激奋的还有佛教。此处，我主要谈的是禅宗（Zen，中文是 Chan）。与道家不同，佛教非常关注苦（suffering）的问题，故而认同可以称作化解苦的救赎。显然，禅宗只是佛教的一支，故而我在此不得不忽略掉其他许多流派和分支。在印度教看来，禅宗将苦主要视作一种精神问题，其修行旨在修心，以脱离苦海。用佛教术语来说，这种心灵的状态，可以称为"觉"（enlightenment）。但是又不能将此与其他任何种类的对意识的超验考察混淆。与道家一样，禅宗的基础，是一种完全内在的世界观，内在于世界，而不是"超越于世界之外"（beyond）。这意味着，就道德来说，禅宗的消极伦理学（与克尔凯郭尔的不同）并不是要以处在更高水平上的超越性的宗教式观念取代道德的观念。禅宗和道家一样，对当下（here and now）解决问题更关心。

在我看来，禅宗对道德的理解，和亚里士多德《修辞学》中的论述正相反。亚里士多德建议潜在的演说家如何激起听众的愤怒。书中有关愤怒的道德的那部分内容对如何将冷静转变为道德愤怒提供了指导，指出这种情感状态是怎样的一种状态，它是痛苦和愉悦的复杂组合。我想，禅宗会同意亚里士多德的心理学分析。他们会认可，道德意识与痛苦以及愉悦的情感是相伴随的。但是,与亚里士多德(尤其与沃尔特·伯恩斯)不同,禅宗并不欲求这种状态。相反,因为愤怒与情感上的痛苦紧密相关,他们要将愤怒抵消掉。如果要将苦终结,那么造成痛苦的意识状态就必须消除。因此,他们主张消解道德情感,这样才能将(道德)愤怒转换为冷静。①

和亚里士多德的《修辞学》不同,禅宗并不是通过修辞学方式来转变情感状态和社会行为。事实上,他们关心的并不是改变他人的情感和行为,而是改变他们自身。他们对冥思更感兴趣,而不是雄辩。禅宗冥想的目的是让心灵静(calm)下来,为了达到这一目的,一个人必须处理好他自己的道德情感和愤怒。

"不思善,不思恶",是禅宗的修行格言。② 我们可以在大珠慧海禅师(8世纪末至9世纪早期)的《顿悟入道要门论》中找到这句话的另一种表述:"念善念恶,名为邪念;不念善恶,名为正念。乃至苦乐生灭、取舍怨亲憎爱,并名邪念;不念苦乐等,即名正念。"③这里的"思"指的是

———————

① 关于现代禅学及其消极伦理学,可参看阿部正雄的著作,尤其是其所著《禅与西方思想》(*Zen and Western Thought*)(火奴鲁鲁:夏威夷大学出版社,1985年),另外,约翰·柯布(John B. Cobb, Jr.)与克里斯托弗·艾夫斯(Christopher Ives)主编的《空洞的上帝:佛教—犹太教—基督教的对话》(*The Emptying God: A Buddhist-Jewish-Christian Conversation*)(Naryknoll, N. Y.:Orbis, 1990年),其中阿部正雄负责写作的篇章也值得参考。

② 这句话非常著名,例如在道元禅师的《正法眼藏》中即可看到。参看《道源〈正法眼藏〉的精神》(*The Heart of Dōgen's Shōbōgenzō*),诺曼·瓦德尔(Norman Wadell)与阿部正雄译(奥尔巴尼:纽约州立大学出版社,2002年),第3页。威廉·鲍威尔(William F. Powell)在他翻译的《洞山良价语录》(*The Record of Tung-shan*)(火奴鲁鲁:夏威夷大学出版社,1986年)中列出了出现这一句子的大量文本。

③ 约翰·布洛菲尔德(John Blofeld),《慧海禅师语录》(*The Zen Teaching of Hui Hai on Sudden Illumination*)(伦敦:Rider, 1962年),第50页。在此译文中,英语中的"love"一词可能有点问题。它的意思不是激情的、浪漫的或者无条件的爱,也不是情感意义上的爱,love在这里意思是反感的反义词,因而其含义接近于喜欢或者吸引。

心灵在冥想中思考活动，进而则是指已脱离痛苦的顿悟者的思考活动。拥有这种心灵状态的人与道家思想中的道德愚人没什么不同。人们只是避免了将实质性的价值判断附着于其观念上，而基本的价值判断显然即是道德判断。说这样思考是错的，并不是说善的东西并非善，恶的东西并非恶，而是说用这样的语汇来思考会导致精神上的痛苦紧张。说它是错的，不是就其真实性而言，而是说若就一个人希望化解苦而言，那它就是错的。正确的思想不是指可以准确反映事实意义上的正确，而是能够把人引向沉静。按照禅宗的观点，道德判断最易干扰人心灵的判断，因为它们很容易导致愤怒之类的情感。心灵的愤怒状态不仅使人痛苦——故而是错的——它也会混扰人的洞察力，或者说是遮蔽人的心灵。人在愤怒心灵状态下的"观"不是正确的"观"。

有一点很重要，需要注意的是，对禅宗和道家来说，情感的淡漠并不就等于对"所有事物都没什么分别"（all is one）的态度。其反面情形是：人的认识若附加上过度的情感色彩就会影响人的洞察力。正如人们常说的，爱使人盲目。因此，大珠慧海说："对一切善恶，悉能分别是慧；于所分别之处，不起爱憎，不随所染，是定。"他甚至更为明确地说："于诸色境、乃至善恶，悉能微细分别，无所染著，于中自在，名为慧眼。"①

淡漠的、非道德的心灵看待事物要比被情感和道德折磨的心灵更加清晰。禅宗希冀得到的这种顿悟，或许与一个好的法官没有什么不同。好的法官能够清楚地看见什么是对的，什么是错的（从法律上说），而丝毫不会受道德判断的干扰。如果一个法官对被告感到道德上的愤怒，那么他就不能在司法公正的意义上做到"公正地"对待被告。法官

---

① 约翰·布洛菲尔德（John Blofeld），《慧海禅师语录》（*The Zen Teaching of Hui Hai on Sudden Illumination*）（伦敦：Rider，1962 年），第 54、60 页。

要避免道德判断,增强而不是削弱他作出恰当的法律判断的能力。法官不应将自己的判决建立在道德信念或情感的基础上。如果法官能对所处理的案件在道德上保持超然的姿态,那么这样他才能在心理上更好地处理案件。法官若将自己的道德情感掺杂进所处理的案件中,他很可能会产生严重的精神健康问题。禅宗所处理的不是法律上的公正不偏,而是更广泛和普遍意义上的公正。只是,这种禅宗公正的影响可以拿来和道德公正对法官的影响相媲美;二者都主张公正地看事物的状态,而不是受情感的困扰。

慧海很好地总结了禅宗的观点:"问:'云何是十恶十善?'答:'十恶——杀、盗、淫,妄言、绮语、两舌、恶口,乃至贪、嗔、邪见,此名十恶。十善者,但不行十恶即是也。'"很明显,这种观点要远比传统的佛教伦理学向前走了一步。禅宗的非道德(amoral)立场并不否认杀人和偷盗之类的事情——愤怒——对于社会有危害,故而是错的,但是它并不把这些与美德之类的东西相比较,因为这会导致二元的道德倾向。译者约翰·布洛菲尔德对这段话下了精准的评论:"这种对十德所采取的消极路径意味着,若达到了更高的阶段,那么执着于善,将其视为积极的东西,就恰恰成了一种阻碍,这相当于在执着于恶。"[1]这种消极伦理学努力避免从善、恶的角度来思考道德义愤的困扰。如果有人从道德的角度来看待不能为社会所接受的有害行为,那么愤怒会覆盖冷静。变得愤怒会阻碍人的觉悟,吊诡的是,这是进一步的错误。慧海似乎在说,当人对显然是错的东西感到道德上的愤怒,而为这种愤怒所影响,他同时就犯了另一个错误。

禅宗在超越传统佛教伦理学上是非常激进的,在其他佛教流派中,

---

① 约翰·布洛菲尔德(John Blofeld),《慧海禅师语录》(*The Zen Teaching of Hui Hai on Sudden Illumination*)(伦敦:Rider,1962年),第74、137页。

佛教伦理学是非常道德化的，包含了各种具体的关于该做什么和不该做什么的内容。禅宗的禅师中最激进、出言最直率的其中一位是著名的临济禅师（866 年去世）。他的语录包括了以下段落——这段话看起来包含愤怒，但其实用的是戏谑的、反讽的、吊诡的口吻，他说："有一般不识好恶，向教中取意度商量，成于句义，如把屎块子向口里含了，吐过与别人。"①

临济禅师取笑佛教中的道德家，并不以其口不择言为耻。这种道德家仅仅依赖于从经典中羞怯取来的道德准则，对于生命并无充分的洞见。他们是虔诚的善男信女，遵循着教义亦步亦趋，知道如何将善恶区分开来，这就使得他们失去了慧海意义上的正确思想的能力。按照临济的观点，从佛典中找寻到的道德教义是无价值的空洞之物。故而单纯去宣扬这些教义就无非是一种说辞的训练。这样做的后果是建立起导向道德义愤的道德主义态度，而不是真正地达至个体和社会的静（或者觉）。这从禅宗的视角来看，是非常不健康的。在临济看来，佛教中的道德主义者，正是在四处传播伦理之屎，弄得社会乌烟瘴气。

禅师们如临济，并未宣称要成为神圣的人，也不试图使人皈依其信仰。他们并不主张过一种在执着于某个具体的教义或实践的意义上的宗教生活方式。对于他们来说，传统佛教的问题已经发展成了形式化的教条和制度化的惯例，而这些对减少人生之苦是无益的。他们当然认为他们自己是在追求觉悟，即佛陀自己已经达到的那种境界，但是他们不认为达到觉悟有赖于遵循某种固定的信念或者是到达某个更高的意识状态。临济禅师说："向尔道。无佛无法无修无证。祇与么傍家拟求什么物。瞎汉头上安头。是尔欠少什么。"我们也可以在其他禅师那

---

① 《临济禅师语录》，波顿·华兹生（Burton Watson）译（波士顿：Shambhala，1993年），第 61 页。

里找到许多类似的话语。他还说:"佛法无用功处,只是平常无事;屙屎送尿,著衣吃饭,困来即卧。"①这种宗教和伦理学类型是吊诡式的、消极的宗教和伦理学类型。其目的不是导向崇高的观念和理想,不是朝向心灵的升华状态,而是会产生人为的压力、幻象以及紧张的精神和社会欲望的减少。它要达成的状态,与亚里士多德说的冷静相同。而达到这种状态的一个主要障碍就是伦理道德心态或倾向,就是由情感牵引的道德义愤。这种愤怒使人很难做到"只是平常无事",以及困来即眠而不言语。道德义愤,以及其他的情感和社会激愤,都不能使苦减少。恰恰相反,在禅宗看来,这正是达成(吊诡式)觉悟的障碍。

很有必要重申一下,和基督教不同,禅宗并不主张用无条件的爱来取代对于恶的怨恨。实际上,用爱来取代,正是慧海所说的错误思想的一部分,因为爱与恨一样。人不会自然而然地爱所有的人和物,尤其是对那些犯了罪的人。用爱的道德取代愤怒的道德,并不会减轻一个人的情感迷幻和激愤的水平,这无助于静的产生。

我想,禅宗认为无条件的爱并非厌恶和愤怒的解毒剂,从善的角度来思考并非用恶的角度来思考的思路才是正确的。我不知道如禅宗所说的心灵的完全静寂状态是否可以达到或者可以希冀达到,但是我却笃定,他们的视角暗含着一种对道德义愤的很有根据的批评。道德义愤,它的作用就像一个永恒的爱-恨游戏,就像一个会引发情感与社会连锁反应的善-恶较量的辩证法(dialectics)。一旦有人开始用道德的视角思考、感觉和行为,就很难停下来。一旦你开始将某个人视为恶的,那么就很难再改变你的看法。众所周知,所有的种族冲突、政治冲突以及其他的社会冲突都难以解决,因为冲突的各方早已对这种道德

① 《临济禅师语录》,波顿·华兹生(Burton Watson)译(波士顿:Shambhala,1993年),第53页。

义愤习以为常了。一个基督徒可能会说，应当劝说冲突的各方彼此相爱，但是这种方法的实际效果却并不令人乐观或欣喜。我认为消极伦理学旨在使道德义愤自行其是，而不是要用它的反面来取代它，这显得更为实用。

在我看来，沃尔特·伯恩斯对道德义愤的赞赏，是道德问题的一个很好例证。它孕育出了爱-恨游戏，很容易产生仇恨式的精神性格和社会气氛。他所主张的典型的美国英雄主义，或许对电影迷们有吸引力，或许与亚里士多德所描述的劝服民众斗争性地去思考和行为的修辞性的社会武器一样有效。但是，我强烈怀疑，这并不比背离于道德之外的方法（disengaged means）更有效，例如，可以用法律手段来解决冲突。伯恩斯的道德义愤之论深入探讨了亚里士多德关于情感的痛苦和愉悦的辩证法中所说的爱恨情感，其主旨在于复仇和报复。消极伦理学的模式则拥有一个全然不同的关于精神和社会信念的看法，并试图打破这种辩证法。在伯恩斯的模式中，法律是通过惩罚犯罪者以恢复受害者的精神健康来发挥其作用的。与此相反，根据消极伦理学的模式，法律的好处在于法律体系作为一种非人格化的机制，可以处理案件，因而可以使罪案的受害者从寻求复仇的需求中得到解脱。

在很多案例中，有人开始用道德义愤的视角来思考，那么对这个事情就不会从法律那里寻求解决。故而，对你讨厌的同事或者家人保持义愤，就很值得怀疑，与其这样，还不如避免这样的心态。当然，有时候很难避免，但是认识到这一点，总比基督教的泛爱模式更易践行。总体来说，成为一个禅宗的反英雄者（antihero），要比伯恩斯式的愤怒的英雄或者基督教的泛爱式的英雄更为容易，对大众来说也更易做到，而且对人的精神和人类社会来说也更健康。

第五章

伦理和审美

主张道德义愤的人赞赏伦理学，认为伦理道德观念对个人和社会的健康发展有益处。但禅宗和道家都不同意这种观点。禅宗的批评主要是针对实现觉悟的障碍，这种障碍就是由道德化思维所产生的，而道家则强调另外的一些问题。站在当代的视角来看，道家对伦理的一个批评，可以称为审美的反对。在《庄子》中，有一位传说中的圣人，名叫许由，他是道家的一位代言人。许由遇到了一位刚刚拜访过尧的人，而尧正是儒家思想中的道德模范，他们的对话如下：

> 意而子见许由，许由曰："尧何以资汝？"
>
> 意而子曰："尧谓我：汝必躬服仁义而明言是非。"
>
> 许由曰："而奚来为轵？夫尧既已黥汝以仁义，而劓汝以是非矣。汝将何以游夫遥荡恣睢转徙之涂乎？"
>
> 意而子曰："虽然，吾愿游于其藩。"
>
> 许由曰："不然。夫盲者无以与乎眉目颜色之好，瞽者无以与

乎青黄黼黻之观。"①

　　显然，道家教导那些已经"沾染"了儒家道德的人是无用的。道家将接受了道德之说的人与——遭受了中国古代的刑罚黥与劓的——身体残缺的人作了比较。按照道家的观点，身体残缺可以使人遵循道家的方式，也即"游夫遥荡恣睢转徙之涂乎"。而区分对错则被比之于眼盲，或者有眼无珠，因而不能"与乎眉目颜色之好，与乎青黄黼黻之观"。一旦被道德之念戕害，那么这个人就真地变得——在这个词的本源意义上——不智了（in-sane）。

　　道德区分，即"明言是非"的能力，被视为附加在更为基本的特点诸如某些——能够使我们辨识眉目颜色之好的——自然的或审美的特性上。故而这被描述成不必要的、次等的区分，会模糊我们对于世界的看法、干扰我们的行为。一个按照道德之念去思考和行为的人，已经过度沉溺，很难成为道家中人了。

　　自然既非善亦非恶，动物、植物和石头不能用善恶的范畴来标示。一个动物杀死和吃掉另一个动物，既不是善也不是恶。对植物来说也是如此。如果有人想要描述大自然的运行，那么就是"道"，而从道德主义的观点来看无谓"自然之道"。大化流行的生生过程，其中并无道德的参与。道德范畴是特有的人为构建，与关于人类生活环境的更广阔的、非人类中心主义意识无关。天地自然之大美以及眉目颜色之好并不能以伦理道德的方式来领会。

　　上文引自《庄子》中的段落从对伦理道德的批评引申到了审美。自

---

① 《庄子·大宗师》。见波顿·华兹生：《庄子全书》（*The Complete Works of Chuang Tzu*）（纽约：哥伦比亚大学出版社，1968年），第89页。参看《庄子引得》，北京：哈佛燕京学社，1947年，18/6/82—19/6/86。

然之美，以及工艺品（如渲染过的丝）之美都是非伦理道德的。对美的欣赏，与对道德范畴的应用，犹如方枘圆凿。在道德判断、道德观和审美判断、审美观之间，看不出有什么内在关联。

对于工艺品和视觉艺术、音乐来说，伦理道德观与审美观的不可共融也同样一目了然。一件漂亮的衣服，一尊有意味的雕塑，或者让人心醉的交响乐，都不会以道德的视角来作评价的，如果是以道德来评价的话，这通常会让人感到很奇怪、病态的，甚至是令人震惊。我们可以认为阿富汗毁坏佛像的行为是恶，也可以认为斯大林统治下对某些古典音乐的禁止是恶，但这种行为通常被人视为狂热的艺术破坏和意识形态失常。类似地，将审美风格和样式涵括于道德和政治之下，如在纳粹统治下的德国和斯大林治下的苏联，这样看待建筑、大型庆典和雕塑，多少会让人颇生疑惑。如此一来，若社会主义的现实主义风格的绘画作品最终不将其视为官方认可（授命的）道德性的生活方式、个性和品质的反映，那就已可以算作是某种意义上的解放了。

而另外一些类型的艺术，常常会被人拿来作道德上的分析解剖。若将伦理道德标准用于评价小说或者电影，这无可非议。因为书籍和电影常常被人认为具有道德教化的意义，即具有道德价值。在哲学上主张对文学进行伦理道德审美的人是有的，如罗蒂。

理查德·罗蒂接纳了文学作为后现代主义的一个面向，也因此背离了西方传统观念中将哲学视为科学的哲学观。对于哲学和文学的叙事功能，罗蒂同等重视，他在《偶然、反讽与团结》（*Contingency, Irony and Solidarity*）一书中，就非常强调哲学和文学叙事功能之于个体独立化、社会多元化、政治自由化的作用。罗蒂主张一种"传统的哲学"，这种哲学的目的在于"丰富个体的和文化的自我表述"，帮助"我们成长，使我们更快乐、更自由和更有柔韧性"。① 对他来说，文学和哲学都是作者的创造性工作，作者描绘了一个新世界，讲述了一个新故事，邀请人们去认识它，这样他们和他们的文化才能经受更进一步的转变。如此看来，对罗蒂来说，哲学与文学显然在本质上不能分开。哲学和文学都在生成文本、讲述故事。文学和哲学风格迥异，但是从更广范围上的文学文化意义上说，二者殊途同归。二者都履行着社会化、教化的功能，这与罗蒂的伦理道德实用主义愿景是联结在一起的。如果哲学不是能增加知识的客观科学，而是人们之间口耳相传的话语，那么其效用则偏向伦理化而不是科学化。

罗蒂认为，哲学与文学的创作者要么致力于再现个体及异质自我完善的斗争——以柏拉图（Plato）、海德格尔（Heidegger）、普鲁斯特（Proust）、纳博科夫（Nabokov）和其他创作者为例，要么致力于通过创作促进社会的完善——以狄更斯（Dickens）、密尔（Mill）、杜威（Dewey）和奥威尔（Orwell）、哈贝马斯（Habermas）、罗尔斯（Rawls）为代表。② 因此，文学和哲学要么是个人实现独立的方式，要么是促进社会团结、自由和消弭暴力的工具。③ 在罗蒂看来，文学和哲学审美与伦理道德兼具。按照他的观点，艺术和道德是完美吻合的，至少在文学是如此。它们对于促进社会道德进步的实用愿景，皆有贡献。

文学作品（广义上的文学包括了各种叙事体裁）同时也可以从审美的、伦理的角度来看。很多人认为文学可从道德层面教导人，是传达文化价值的极佳方式。否认审美和伦理之间的关系，这是无意义的。因

---

① 理查德·罗蒂：《分析的哲学与对话的哲学》，书稿，第 6 页。（此文有韩东晖中文译本。——译注）

② 理查德·罗蒂：《偶然、反讽与团结》（剑桥：剑桥大学出版社，1989 年），第 145 页。（此书有商务印书馆的徐文瑞中文译本。——译注）

③ 同上书，第 141 页。

此,上文所引《庄子》段落中的许由,他所采取的道家态度,看起来是非常激进的,至少在我们的社会中是站不住脚的,在我们身处的社会中,叙事在大众传媒中发挥了如此重要的作用,因而对在群众中传播道德准则发挥了很大的作用。至少就小说和电影之中来说,伦理和审美之间有紧密的关联。

在这一章中,我对叙事与道德,伦理和审美之间的关系有更详细的考察。我至少会含蓄地批评罗蒂对于文学在造就一个更好的社会中所起的教育和实用性作用的看法,并尝试就文学中的道德所发挥的作用以及其社会效用,给出一个不太理想化的,或者不太乐观的但是更为辩证的评价。首先,在我看来,我要说文学作品根本不是伦理的,或者至少主要不是伦理的。其次,我会讨论,文学作品固然具有伦理道德的维度,涉及伦理道德问题,但是我认为,它们在审美上引人注目并不源于它们的道德性。再次,我认为伦理叙事呈现出的是不复杂的或者过分简化的道德。最后,我认为伦理叙事会呈现出复杂的道德伦理问题。我主要举文学——遵循罗蒂对文学的广义理解——作品中的一些例子,也会谈及媒体。

很多文学作品,不论它们是否堪称伟大,都与道德没有特别的关联。或者退而言之,没有必要从伦理的角度来解读。例如,普鲁斯特和卡夫卡(Kafka)的小说在大多情况下,并未对其阅读者提出道德问题。但这也并不妨碍专业的分析家和文学教授能够对这些文本进行伦理性阅读的可能。显然,可以合理地对一个给定的文本作任何解释。但是我仍然会认为,如卡夫卡的《变形》(*Metamophosis*)中所讲的故事,阅读它,不需要赋予道德含义。卡夫卡是现代文学的一个典型例子[托马斯·品钦(Thomas Pynchon)*是一个更现代的,但同样是一个也很著

————————
* 托马斯·品钦,后现代主义作家,著有长篇小说:《万有引力之虹》、《抵抗白昼》等。

名的例子]，他对各种复杂心理状态和复杂叙事结构的书写尝试，都不能不加思虑地就化约为一句特定的道德话语。虽然在卡夫卡的作品中或许还有邪恶的或阴暗的人物角色，但很难从传统意义层面去理解他们。这些人物不够现实（或者说他们是超现实主义的），不能将他们视为对具体道德问题的艺术化描写。从道德的角度考虑这些人物，就如同从道德的角度看待动物一样，是有问题的。他们所身处的社会背景，和我们通常使用伦理和道德判断的社会背景相距甚远。卡夫卡的小说并没有以任何显在的方式回应与道德范畴有关的社交场景。

人们不需要将非道德化的阅读局限于现代文学。塞万提斯（Miguel de Cervantes）和劳伦斯·斯特恩（Laurence Sterne）等作家的经典小说，很明显也超越了道德问题。再次说明下，这并不排斥可以从这些作品中找到伦理道德的维度，即便它们并不直接关注道德主题。项狄（Tristram Shandy）*和堂吉诃德（Don Quixote）显然并非就是非善即恶，大多时候，他们并不是在思考道德问题，而当他们行动的时候，他们也不是在严肃地思考道德问题。有的小说主要处理的是爱与情感的问题，而有的小说则不是。类似地，有些小说主要处理道德，而有的小说则不涉及。如果文学可以被视作道德教化的载体，如罗蒂所主张的，那么就必须承认并非所有的文学（主要）都是伦理的，一部作品的道德价值并不与其审美诉求直接相关。虽然存在道德性的文学，但是也同样存在一大批非道德性的文学，我不认为，前者就必然在道德上、教化上、实用性上比后者好。在我看来，一部小说的道德关注点并不是其审美的、社会的或者文化价值的重要标准。

我承认，有的文学作品关注的是道德主题。一个典型例子，罗蒂所

---

* 劳伦斯·斯特恩的《项狄传》（*The Life and Opinions of Tristram Shandy*），该小说是斯特恩的实验性小说，打破传统小说的叙述模式，写法奇特。

提到的查尔斯·狄更斯。狄更斯的小说尤其是以道德主题为中心，但我们不能就此将其中的人物角色单纯划分为好人和坏人。（但也可以扭转上边那段话的观点：狄更斯小说的道德化表象，并不排斥与伦理道德无关的诠释。表面上是非道德的文学也可以从道德的角度来阅读，反之亦然。）他的小说常能引发读者对于其小说中主要人物的道德同情或反感。有人喜欢年轻的英雄(往往是生活贫穷，受到摧残的人)，不喜欢虚伪的人和贪婪的阴谋家。在狄更斯的故事中演绎出的张力是典型的道德张力，他所描绘的冲突往往就是道德冲突。他的小说能够成功地俘获其阅读者，至少部分原因是因为它们能激发读者的道德激情。

狄更斯的作品高度道德化，这并不是其唯一吸引人的因素。还有很多文学作品也同样伦理道德化，但是却不能像狄更斯作品那样获得来自读者和批评家的热情赞美。故事的绝对道德性并不足以或者说不必然能使得故事具有审美意味。在 19 世纪，一篇评论女性贞洁的论文，或者是批评酒水消费的文章，可能会被人看作与《雾都孤儿》(Oliver Twist)一样，具有高度道德性，但是这些论文却没能赢得现代读者热心关注。故而狄更斯的道德观念并非是支撑其作品艺术(审美)价值的主要因素。我可以更进一步说，狄更斯所处的 19 世纪欧洲伦理学的具体内容，在很大程度上，和他的小说能在 21 世纪初仍赢得全世界读者的喜爱，并无关系。不是我们的伦理道德观要与狄更斯小说中的道德观一致才能让我们发现他作品中的美。当然，如果我们能体会到他的道德情感，这也于义无伤，但是仅仅是这种重合，并不足以促使我们一遍一遍地去阅读这本长达几百页的书籍。

多种因素构成了狄更斯小说的美学价值，我怀疑伦理价值在其中是否占有很大的比重。我喜欢阅读他的小说，因为他小说的情节总是很有趣，让人想知道接下来会发生什么。对我来说，狄更斯的小说总是让人不得不一口气读完,但这不是因为我对他的道德观有特殊的兴趣。我喜欢他的小说还因为其中所包含的历史特点。当然,这些小说绝不是对 19 世纪英格兰(和美国)做科学研究的范本,但是它们仍然非常艺术地,将那一个时代的生活带入了我们的生活。一个人被吸引而进入那个从未体验过的世界,是非常有趣的。阅读狄更斯的小说就像奔赴异域旅游一样有趣。人们喜欢不熟悉的他乡之景。当我对狄更斯小说的审美价值赞赏的时候,这些方面的因素以及其他因素,相较于狄更斯的道德观,更加重要。

我尚未处理关于道德性文学的道德化阅读的主要问题。虽然我同意,有些很有吸引力的小说——例如狄更斯的作品——确实是道德主义的,但我不相信它们真能在道德上教化其读者。关于这方面的实证研究,我不了解,但是我怀疑,狄更斯的读者(包括我在内)是否就比那些没有阅读他小说(或者其他道德主义作家)的人在道德上更优越。我也怀疑,是不是在狄更斯小说出版之后,这个世界就变得更好了;或者说如果我们没有阅读狄更斯的小说,这个世界就会出现道德滑坡。狄更斯文学的内驱力主要是道德性,但是作为一个伟大的作家,他将道德素材运用得非常出色。并不是他所使用的素材在起作用,而是他对这些素材的处理使得他的小说变得精彩。狄更斯是一位非常幽默的作家,他是通过幽默诙谐以及反讽的方式来展现道德的。正是这一点使得他对道德问题的揭示表现出审美意味。我喜欢他的书,不是因为这些书是道德化的,而是因为其反讽性,因为他的书写对于道德的处理是玩耍式的、戏谑式的。事实上,我喜欢其中的每一个角色,虽然在现实生活中,我会内心很高兴自己不是一个像佩克斯尼夫先生(Mr. Pecksniff)那样的伪君子*。

---

* 佩克斯尼夫,这是狄更斯小说《玛丁·朱泽尔维特》(*Martin Chuzzlewit*)中的一个人物,是伪君子、虚伪的两面派形象。

　　我会论述说,狄更斯的小说之所以具有如此大的吸引力,是因为它们使道德变得更易让人接受。它们给予我们一个从道德重压下喘口气的空间,具有宣泄式的效应。不用去担心所有现实中的佩克斯尼夫先生,而是当我们在读到他时,可以使我们从我们的道德情感中解放出来。狄更斯的小说之所以吸引人,不是因为它们高度的道德性,而是因为它们使人从道德思考中获得了吊诡式的、反讽式的轻松。事实上,我认为,虽然他的小说表面上是道德主义的,但是它们却是以非道德的(amoral)方式而且是具有审美意味来呈现的。虽然这些小说主要处理的是道德伦理问题,但是它们却是以反讽的方式进行,故而它们最终是非道德的(而不是不道德的)。

　　虽然我认为有些伟大的文学作品(如狄更斯的作品)讨论的是道德,但是吊诡的是,它们在美学意义上却是非道德的。也有很多的作品,除了道德之外,读不出其他更多的东西。很多小说和电影都可归结于好人和坏人之间的冲突,其中的叙事不过就是冲突以及冲突的解决。在经历各种冒险磨难后,英雄最终战胜了罪犯,其叙事套路不过如此。我认为,最近一个这种叙事体裁的例子是电子游戏,这不是传统上所认为的文学,但是可以看作应用文学。电子游戏现在正日益流行,新发行的游戏要比很多电影大片都更畅销。在电影和游戏之间有很多共同点(例如,《古墓丽影》和《星球大战》),这便可以证明将这些游戏理解为文本或者叙事是可行的。有人称之为交互式文学(interactive literature)。

　　很多电子游戏都是以好人和坏人之间的冲突为基础的,游戏者必须与好人的身份同一,或者狂欢式地与好的坏人(good baddies)保持同一[这看起来似乎越来越成为趋势,如《侠盗猎车手》(Grand Theft Auto)]。① 然而,

---

① 笔者在本书第十二章中具体讨论了“好的坏人”问题,也对“狂欢式地”一词作了解释。

这种身份的认同要比传统文学体裁走得更远。在游戏中，一个人变成了主角，担负起了击败反派的重任。因此在我看来，电子游戏是极端伦理化文学的代表。它们以高度简化的道德冲突为基础，要求在精神上和身体上都参与到人造的关于善与恶的撕扯较量中。在某种意义上，电子游戏是宗教的、道德的宣传文本的另一种形式。当然，与其他文本不同，电子游戏是以娱乐为目的，而非以教化为目的。所以，在美国的市场上有一款流行的电子游戏[名为《敌后方：永恒军力》(*Left Behind: Eternal Forces*)]，在这款游戏中，一个人要么转变成一个反基督的人，要么成为杀死反基督的人。对此我完全不感到惊奇。我想，这样的电子游戏和类似的电影、书籍、戏剧，等等，在当今社会，是最有影响的、最为流行的，也是道德文学的最简化的形式。它们是罗蒂在谈及道德文学的教育作用时会关心的素材，却不是狄更斯所关心的。虽然狄更斯仍然为大量的人群所阅读，但显然会有更多的人通过多种不同的途径获得他们在文学教育那里汲取到的伦理道德教育。

我并不是想将视频游戏或者通俗小说（包括电影）妖魔化。我只是指出，这类东西是当今道德文学中占统治地位的类型，只要看一下我们所身处的周遭世界就一目了然了。我不知道它们是否具有好的或者坏的教育效应——或者它们具有其中的某一种作用。它们主要是通过极端简化了的道德判分发挥了教育作用，至少对我来说这些作品往往不具有审美价值。因此，我不相信这种罗蒂所主张的文学能够在使我们的社会在道德上变得更好上起到实际作用。（但是我也不是说它们就会起到坏的作用。）我也不认为，在它们的道德内容和美学特质之间有相关性，不论是积极的还是消极的。

我最后要讨论的一类道德文学，其叙事本质上是道德的，但不像狄更斯小说那样是表面化的道德，也不像电子游戏是简化了的道德，而是以复杂的方式呈现的道德。我想到的这种类型的例子是陀思妥耶夫斯基(Dostoevsky)的小说。他的小说确实是以道德为主题的，而且显然也不仅仅是讽刺性的道德。（即便陀思妥耶夫斯基是一位伟大的擅于反讽和狂欢式行文的大师。）他笔下的人物经常深陷于复杂的伦理冲突中。最著名的例子可能就是《罪与罚》(Crime and Punishment)中的反英雄形象——拉斯柯尔尼科夫(Rodion Raskolnikov)。这位年轻人冷酷地谋杀了他人，却丝毫不感到道德内疚。杀人情节之后，这部小说描述了他日益增长的自我内部道德斗争，以及其撕裂了的自我意识的演变。显然，道德主题不仅仅是这部小说所要处理的议题，而且也是该小说的哲学(宗教)内核。像《罪与罚》这样的书籍内含着道德伦理化的戏剧性事件，且它们美学层面上的吸引力与其关于道德困境的细微描述紧紧缠绕在一起，互为一体。

　　陀思妥耶夫斯基小说的道德叙事与很多电影、游戏中简化了的道德叙事之间有着巨大的差异，其不同在于，陀思妥耶夫斯基并没有在好与恶之间划出一刀切式的界线。虽然陀式叙事中也有道德冲突，但是这些叙事并未以简单的黑白分明的形式再现。他小说中最令人关注的人物并不是单纯的善良或者单纯的恶，读者不能轻易地判断是与非。事实上，陀思妥耶夫斯基大多数伟大的小说并不都以伦理冲突的解决收尾。而在道德化通俗小说的简化叙事中，英雄总是会胜利，而坏蛋总是被打倒，故而最后的结局是，伦理道德的平衡得到了恢复。好人和坏人被严格区分开来了，好人必定得到福报，而坏人必定遭到报应。而陀思妥耶夫斯基的小说却并没有诸如此类的结尾。事实上，对我来说，他的小说看起来往往并没有传统小说那样的结尾，而是在某一个点上，故事中断了，随之添加上最后一章，简要总结故事的情节，叙述小说中的人物在以后的生活中所发生的事情。在我看来，这种假定的结尾意味着，陀思妥耶夫斯基在决定他所描绘的人物的伦理困境上的勉强，他也能替人物截然作出决定。陀思妥耶夫斯基的道德案例之复杂性也预先决定了简单化决定的不可能。最终，读者仍然不知道到底什么是善，什么是恶。陀思妥耶夫斯基并不是在教导他的读者，指出哪种行为是善的，哪种行为是不正确的。在他的小说中没有简单单纯的道德。他的小说不提供具体的伦理道德准则指南，他的小说不对人应该如何生活的问题作出解答。他的小说仅仅是以极端凝练的方式又带有审美地揭示出道德的问题所在。

在笔者看来，虽然像陀思妥耶夫斯基之类的小说很显然是伦理性的，它们的审美吸引力与其伦理内容有很大关联，但是我仍然要论证的是，这些小说不能被化约为一个伦理道德的主旨。它们并不是在以道德化的方式对读者进行教化。如果是这样的话，那它们将会像很多道德小说的单调文本那样，失去审美意味。一个人不会因为拉斯柯尔尼科夫最终被"绳之以法"便享受阅读《罪与罚》，至少我做不到。这部小说不是一篇探讨道德的论文，而是对于罪与罚的复杂矛盾心态的思考，也是对伦理和宗教问题的深入思考。

理查德·罗蒂主张文学（以及哲学）也应该或者能够在伦理道德上发挥教化作用，因而对于提升社会的伦理道德可以起到实际作用，笔者敢于反驳他的这种主张。在笔者看来，在绝大多数情况下，伦理道德与审美之间是差异巨大的。一个人通常不会因为出于伦理道德的理由而对大自然感兴趣。类似地，一个人享受艺术作品，通常也并不是因为其蕴含的伦理道德的内容。就文学而言，情况则比较复杂。伦理道德主题以很多种方式在文学作品中发挥其作用，我试图在本章中大致勾勒出其中的一些方式。最后，我的观点是，文学作品并不在罗蒂所论的意义上起到伦理教化作用。有一些文学作品，诸如陀思妥耶夫斯基的小说，可能具有伦理道德的作用，但是它们并不就在实际的意义上起到促进人的道德的作用。我认为阅读陀思妥耶夫斯基(或者狄更斯)对于一个人的道德之善并不起到很大的作用。当然阅读此类作品会有助于提升一个人思考伦理问题的能力,以及更好地获得理解道德困境和冲突的复杂细微性的能力,但是在深入洞察道德问题与成为一个好人之间,还是存在巨大差别的。罗蒂赋予文学以几近魔幻性的功能——能够造就好人。对此,我不敢苟同。

如果文学(电子游戏、好莱坞电影)在社会中以伦理道德化的方式发挥了作用,我也不敢确定,这就可以被称为是(罗蒂意义上的)教化性的。通俗叙事所宣示的是伦理道德的简单化区分,在我看来,正表明了伦理道德的病理,而不是表明它对于塑造更好社会起到作用。虽然它们确实教导人们应该如何在善与恶之间作严格的区分,而且我认为,大众传媒的一个主要作用,就是将道德不断地渗透进社会的每一个角落。但是,我根本不明白,为何就说这必定是件好事情呢? 本书正是在质疑道德判分以及道德话语皆为好的这一论断。就某些方面来说,这种质疑是与艺术作品、文学作品相关的。但我也没有看到,有艺术或者叙事通过引入道德判分就因此而获得了美学上的审美价值。而且,我也没有看到,社会怎样就必然会从道德化的美学中获益。

最后,我希望我已经成功地为古代道家许由作了辩护。我同意他的非道德化的美学(amoral aesthetics)。在极大程度上,当涉及审美时,从道德范畴来审视是没有助益的,以伦理的视角来审视并不会使得欣赏大自然和艺术就变得更容易,反而是变得难上加难了。我坚信,一个人在欣赏艺术和美景时最好将伦理的考虑抛之脑后。虽然有些艺术作品,尤其是小说叙事,涉及道德主题,但是以非道德化的方式来看待它们仍然是可能,而且在我看来,这要比以基于道德信念的方式来看待,要更为合适。

第六章

哲学伦理学的傲慢

现在世人对伦理学的兴趣激增,我的专业领域——纯学术性的哲学——也不例外。伦理学很可能是哲学中最受欢迎的领域,毫无疑问,在哲学领域中它能提供最多的付诸实践的机会。当然,伦理学没什么变化。伦理学自从古希腊产生以来,一直是西方哲学中主要的一支。但我想说的是,哲学伦理学如今之所以如此热门,还有一个特殊的原因。按传统来说,西方哲学普遍被认为是最基础的学科,是关于人类与万物有价值知识的源头,其自我本身也是如此定位的。而自然科学和社会科学以及人文科学领域,都被包含在哲学中,被视为哲学的一个组成部分。但好景已然不再。今天,没有人会认为必须研究柏拉图或者亚里士多德才能成为一名物理学家、生物学家或者心理学家。当所有这些学科都从哲学中分离出来后,在实践中得到了应用,获得了学术独立性以及公众声誉,哲学的声势就萎缩了。当代北美社会,很多人都不知道哲学是什么,也不知道哲学"有什么好处"。虽然很多人也不知道纯学术的物理学家或者心理学家确切在做什么,但是他们通常认为这些人所从事的是有用的和实际的研究。因此,这些领域的学科研究不仅可以保持其社会威望，还可以获得公共的或私人的基金资助。但是对人文科学来说却不是如此，尤其是对于哲学来说。伦理学看起来，即使不是唯一的，至少也是哲学中最有前途的领域，它可以看似是有用的，因而可获得公众认可与公共资助。很少有人知道或者了解分析语言的哲学家和研究大陆哲学史的专家在做什么，如果他们真的知道了这些学者在做什么，很可能就不会对花纳税人的钱来资助他们学术研究这类的事感兴趣了。而对伦理学来说，状况则不同，这就是为什么它如此重要，至少对纯学术的哲学研究的境况来说是如此。

伦理学是哲学中最具有实践价值的领域。看一看课程表就会知道它有一连串的分支：生物伦理学、环境伦理学、商业伦理学，等等。所有的这些分支都可以面向经济机构、政府机关或者媒体和学生，受大家欢迎。伦理学给人留下的观感是，它们确实对社会的进步、世界的美好和公众的福祉作出了贡献。所有的靠研究哲学为生的哲学家都应当感谢伦理学。只要有伦理学在公众前面为他们作盾牌，他们就可以做他们想做的。没有伦理学，现象学家和研究弗雷格的分析哲学家就麻烦了。因此，公众和哲学专业都能从伦理学中获益。公众乐于认为有专家在研究什么是善，有谁会不愿意知道这一点，或者甚而希望有人推进关于善的科学进展呢？我们也知道有人在专注于发现、保护和分配社会中的价值。另一方面，哲学家宣称，他们实际是很有用的，因此需要可观的收益，以及很多时间来支持他们读书和写书，或者做他们想做的任何事情。作为一名专业的哲学家，我常常觉得自己的社会地位与中世纪的神职人员有些相似。没有人能肯定，我致力于的事业是由什么组成的，但是却有一个共识——必定是某种有价值的和重要的东西，我也因为教授年轻人而值得获得丰厚的收入，应当允许我花费很多时间来生产不可触摸的东西。

当下有许多哲学伦理学家，如果要把他们全都列出来会很累，也会让人头昏。所以相反，我仅会集中讨论两位哲学家，在我看来，他们代表了伦理学家在做什么，以及试图要实现的东西。他们是现代道德哲学的奠基之父，是现代西方伦理学中最具影响力的人物。当然，还有许多其他很重要的伦理学家，但是我相信这两位特别值得关注。我认为他们研究道德哲学的路径在西方伦理学界具有相当代表性，也是西方伦理学研究所能达到的高度的象征。他们就是杰里米·边沁（Jeremy Bentham）和伊曼努尔·康德（Immanuel Kant）。关于他们二人，尼古拉斯·卢曼曾经说："功利主义伦理学和先验伦理学都旨在为道德判断作理性的或者（用德国哲学中的术语）合理的论证。"①现代西方伦理学想要好好地弄清什么是善的，或者是弄清善的前提条件。由此产生了各种解答。虽然我仍然认为，没有必要提早说这一研究就是徒劳无功。但关于建构普遍有效的伦理学这一点，认识论上的乐观主义已经被证明是不可靠的。卢曼认为，根据经验来说，纯学术的伦理学已经失败了。② 我同意这一说法。

纯学术的伦理学有一个基本问题，尤其是对于它的现代奠基之父而言。这个问题就是，它假扮成科学化的东西。它假装成能够对价值和行为准则做实际的研究，以提出关于做什么的具体建议。根据康德的思想，"我们应当做什么？"是哲学的一个基本问题。很多哲学家认为，而且现在仍然认为他们可以对此问题给出确定的答案。因此，伦理

---

① 卢曼：《失落的范式》（*Paradigm Lost: Über die ethische Reflexion der Moral: Rede anläßlich der Verleihung des Hegel-Preises, 1989*）（Frankfurt/Main: Suhrkamp, 1990 年），第 21 页。

② 卢曼："政治、民主与道德"（Politik, Demokratie, Moral），载《规范、道德与社会》（*Normen, Ethik und Gesellschaft, Konferenz der Deutschen Akademie der Wissenschaften*）（Mainz: Philipp von Zabern, 1977 年），第 17 页。

学家认为他们自己与提出如何建造安全高速的交通设施的交通问题的学者是无差别的。他们制定交通规则的效果已将我们折服。西方发达国家的运输系统一般都运行得都好得出奇(参看本书导言中相关的论述)。人们大体上都遵循同样的规则,遵循同样的标准,每个人都对效果基本满意。但是在学术性伦理学中则看不到这样的情形。康德、边沁和其他人所建立的科学真理在社会上并不能得到切实而系统化的实践。虽然到处都有人在遵循某些规则,但常常是他们本身并不知道这些规则的存在;有的人甚至转向学术性伦理学家以证明他们的所作所为;但是并没有具体的伦理学像交通规则那样能够真正地指导我们的行为。就像北美和欧洲的交通规则可以有效地指导人们驾驶车辆一样。在伦理学家的规范式主张和这些主张在社会上的实践之间,存在的鸿沟太大了。伦理学的很多分支称它们自己是应用型的,也有很多人在严肃地对待这些学术工作的成果,但是不能说我们就拥有一个总体的、为人们所普遍接受的、应用性的、科学建立和证明的伦理学,不能说我们就有了这样一套为人们在总体上所遵循的伦理学。人们当然会认为自己的行为是符合伦理的,并且批评别人不这样做,但是并不存在一个确定的——某个伦理学流派所建立的——伦理政策或者原则能够为人们普遍接纳为就是正确的。不论是康德的先验理论还是边沁的功利主义,都不能作为社会上绝大多数人行为的基础,也不能成为我们所相信的那个对的东西。一般人并不按照某个具体的伦理规则行为。与交通研究方面的专家不同,应用伦理学家不能成功地应用它们的规则。当然,今天所有的专业的伦理准则都受到了各个伦理学家的影响,但是并没有任何一个具体的道德体系(如康德的或者边沁的)能够得到普遍应用。哲学家,如康德和边沁,认为他们已经确定了善行的基本原则,如果能够得到应用,那么将造就一个科学合理的和谐社会。然而,他们的断言已经被证明是太过乐观了。虽然他们提出的某些规则被人们遵循(但在他们提出这些规则之前,人们就已经在遵循了),但是他们各自都声称为如何行为确立了确定的原理,这样的断言显得有些自以为是。

康德对自己的先验哲学作了一个简明概括,名为《任何一种能够作为科学出现的未来形而上学导论》(*Prolegomena to Any Future Metaphysics That Will Be Able to Present Itself as Science*)。就像很多其他哲学家那样相信的一样,他相信他已经能够成功地将哲学变成真正的科学了。他所奠定的原理和法则并不是什么非同寻常的发明和建构,而是实际的科学真理并无不同,例如,与物理学家所发现的真理相比,是更为基本的与合理的。他也坚定地认为在他之后,任何哲学(能够称为科学的)都必须将他自己的哲学作为科学的范式。而这已被证明只是一个傲慢的预言。康德的科学形而上学不仅包含了对纯粹理性的分析,也包含了对实践理性的分析。除了《实践理性批判》(*Critique of Pratical Reason*)之外,康德还出版了《道德形而上学的奠基》(*Grounding for the Metaphysics of Morals*)、《道德形而上学》(*The Metaphysics of Morals*),后者列出了其所认为的道德科学。

在《道德形而上学基础》的前言中,康德明确表示,他认为他的道德哲学是科学的。根据他的观点,伦理学是关于自由律的科学。[①] 伦理学是关于如何正确地使用我们以理性为基础的自由意志来建构一个社会的科学。因此,只有一种理性,只有一种合理性的伦理规则。理性不是历史性的或者文化相对主义的。严格来说,理性没有历史,理性在各种文化间没有差别。理性是普遍的,如果我们能够科学地理解理性,那么我们就能够为合理性的生活制定确定的指导规则。康德相信,他已

---

① 康德:《道德形而上学的奠基》,詹姆斯·艾灵顿(James W. Ellington)英译 (Indianapolis: Hackett,1981 年),第 1 页。

经发现了关于理性与合理性行为的基本原理,因此他在一劳永逸地向世界展示,什么才是真正的善和恶? 对于一个永恒问题:"我们要做什么?"他相信他已找到了答案。

康德对经验哲学和科学作了明确区分,后者处理的是实际的经验,而他所说的纯粹哲学,则不是处理实际经验,而是处理(如果不仅仅是形式的)理性和理解力。纯粹理性是超验理性,是先于经验的。正是理性的基本结构使得我们能够首先具有经验。康德道德哲学的目标是要提出一种道德形而上学,它"必须是清除了任何经验性内容的……一个纯粹的道德哲学,完完全全去除了经验的内容或者归之于人类学的内容"。① 这意味着道德原理与经验状况,例如文化或者历史状况(人类学则会关心这个)没有任何关联,道德原理是先于所有具体的经验情境的。这些原理是纯粹合理性的。它们毫无疑问,只能也必须来自理性分析。只要我们知道了理性是如何生效的——独立地,先在于它在生活中的应用——我们就能够决定如何使用理性来指导我们的行为了。一个科学的伦理学关注的是确认理性如何发挥作用,以及独立于任何具体情境的理性是什么。通过做研究,才能够确定在世界上唯一合理的行为方式。康德照例对此很明白:"所有道德哲学都完全有赖于其纯粹部分。"②我们能科学建立的——关于如何以善的方式去行动——所有东西都必须也只能是建立在对理性的科学分析和理解之上,这种理性是纯粹非经验的。

康德沉迷于纯粹之中。在我看来,康德似得了强迫症的哲学家,不停地洗手,害怕接触任何未经消毒的东西。他相信伦理学的绝对纯净,

---

① 康德:《道德形而上学的奠基》,詹姆斯·艾灵顿(James W. Ellington)英译(Indianapolis: Hackett,1981 年),第 2 页。
② 同上书,第 3 页。

当触及这种观点时，我就会相当警醒。我与康德出身于同一个国家，因而了解在追求实用的纯净化方面，德国有过非常成问题的历史记录。

康德不仅相信自己伦理学的完全纯粹性，而且相信这也是科学的本性。可能的伦理学必须成为科学的，因此，成为科学也就成了一个好的社会的可能的也是绝对的基础。这就是他为何会说"道德形而上学是绝对必要的"的原因。① 康德已经发现了理性的真正结构，任何与他自己伦理学具有实质不同的解释都是错误的。他相信他的伦理学成果就像万有引力定律一样坚实有效。

康德所确认和"发现"的基本道德法则就是绝对命令。其中的两个著名的法则可以在他《实践理性批判》的第七节中找到。用康德的话说，这是"实践理性的基本定律"，即一个人的行为方式应使其意志始终符合普遍的道德法则。绝对命令基本是说一个人行为的准则不可以自相矛盾。例如，我不能理性地说撒谎对我是好的，因为这会意味着对于所有人来说撒谎都是好的。这会使撒谎的观念变得毫无意义，因为对与错之间的区别会被瓦解。因此，出于纯粹理性的原因，"说谎是好的"这一格言就是自相矛盾的，应当归为不道德。根据康德的观点，对绝对命令的检验，就是对任何实践"准则"的普遍性的理性检验。如果它是普遍的，那么它在道德上就是应当鼓励的；如果不是，那么就不应当鼓励。这个检验看上去，脱离了所有的实际条件，是要一劳永逸地确证一个准则是正确的还是错误的。

黑格尔在《精神现象学》中最先对绝对命令提出批评。在"理性作为检验法则"一节中，他论述了私有财产的问题。偷窃是对的吗？如果有人认为私有财产权是对的，那么显然偷窃不对。我不能说"对我来说

---

① 康德：《道德形而上学的奠基》，詹姆斯·艾灵顿（James W. Ellington）英译（Indianapolis：Hackett，1981 年），第 3 页。

偷窃是对的",因为这是自相矛盾的,即一方面,我会坚持自己拥有私有财产的权利,另一方面却否认他人拥有这一权利。但是为何私有财产权又是对的呢？这是一个具体的文化和历史性假设。在一个并不认可私有财产的社会中,使用不属于我的物品,这就没有错了。黑格尔批评的焦点在于,康德道德命令的绝对特性使得它是空洞的,不切实际的。绝对命令不考虑任何的实际条件,但是又不存在脱离实际境况的伦理学。道德总会是从实际背景中而来的问题。如果有人从实际背景中抽离了出来(例如,私有财产在一个社会中是否存在),那么他就不用经受康德的检验。为了达成可能的纯粹检验,我们总是不得不举出某种具体的实际背景作为参考。黑格尔总结说:"因此,并不是因为我发现某个东西不是自相矛盾的,它就因此是正确的;相反,它之所以正确,是因为它是正确的。"①康德关于伦理学的德国式纯粹法则本身就是很矛盾的。它试图超越历史和文化的偶然性,但是事实上,它却必然是历史的、文化的。

我关心康德的纯粹伦理学,主要不在于它在哲学上的疏漏。我更担忧的是,康德以绝对命令为基础所归结出的实际的伦理道德指南。最麻烦的是,康德一方面对伦理学的纯粹性和科学性的坚持,另一方面又提出的实际的伦理道德指南。康德伦理体系中最怪异的地方在于,其科学的、普遍的诉求和它教给我们的实际的道德学说之间存在着巨大差距。

我以四个选自《道德形而上学》中的具体例子,来讨论他如何看待性、奴仆、死刑和杀死私生子四者。在论述之前,我要再次强调,康德认为这些例子是绝对科学的。即它们应当只能建立在理性的、合理的分

---

① 黑格尔:《精神现象学》,A. V. Miller 英译(牛津:牛津大学出版社,1977 年),第262 页。

析之上，是完全纯粹的，与文化历史的偶然因素完全无关。对于每一个理性的人，包括这本书的读者来说，不论何时何地，它们都应当是科学有效的。

在论述婚姻的一章中，康德指出，"性的结合"在于"一个人对另一个人的性器官和性能力的互惠式使用"。他进一步说，这种使用要么是"自然的"，要么是"非自然的"，前者是指异性之间的性，后者是指同性之间的性以及人与动物的性接触。后者是"人不堪言的恶行"，对此，"必须全盘否定，不存在任何的限制或者例外情况可以拯救它"。同性恋，"绝对地"，与同动物发生性行为是一样的，无法在社会上和道德上为人所接受。这是极端不道德的。类似地，正如康德之后所概括的，不道德还有婚前性行为或者婚外恋。如果有人想有性行为，那么他们就"必须结婚"。婚前性行为和婚外恋（甚至异性间的）都是非常不道德的，这违背了普遍科学有效的道德法则。①

我们也可以进一步从对奴仆的论述中有所启示。"所有物品都属于一家之主，而奴仆也包含在其中，就这一形式（奴仆以财物的形式存在）而言，奴仆属于主人的，这一权利就相当于主人的物权之一。所以如果奴仆逃走了，那么主人可以单方将他们再抓回来，加以控制。"②根据康德的观点，这是建立在科学之上的，在道德上，我们拥有我们的奴仆，以之作为我们的物品，如果他们逃跑了，那么将他们抓回来就是完全道德的。

关于惩罚的道德性，康德也对我们有所启发。在他看来，刑法是以道德准则为基础的。同沃尔特·伯恩斯非常相似，康德认为，杀死某个

① 康德：《道德形而上学》，Mary Gregor 英译（剑桥：剑桥大学出版社，1991 年），第96 页。
② 同上书，第 101 页。

罪犯在道德上是必要的。① 康德说："每个谋杀者犯了谋杀罪的人，不论主犯抑或从犯必须遭受死刑。"康德紧接着就说，死刑"是与以先验理性为基础的普遍法则相一致的"。那这样看来，世界上很多国家，包括加拿大和很多欧洲国家在内，都是相当不道德也不公正的，因为他们将死刑排除法外。甚至美国的法律实施，也不全然接受，因为在美国，也不是每一个谋杀者都会被判处死刑。考虑到在大多数国家中死刑的数量相对较少，那么这个世界已经很大范围地违背普遍的道德准则了，值得注意的一个例外，是塔利班（或许塔利班政府有一些康德式道德参谋员为其提供法律政策）。为了强调死刑是普遍强制性的，康德给出了下面的一个例子："如果有一群人群居在一个岛上，他们想离开，流散于世界，那么仍留守在监狱中的最后一个谋杀者将第一个被执行死刑，每一个人都会认为他罪有应得。"死刑是不能忽视的"形而上学"义务，即使它没有实际意义。它是必要的道德净化。②

有趣的是，康德提到了一个杀人并不构成谋杀罪的特例，因而在这个案例中，死刑是不需要的。在这个案例中，母亲杀死了未婚之前产下的孩子。康德再次引导我们就这个案例进行科学的道德化评价："一个不是在婚后来到这个世上的孩子，是在法律范畴之外出生的（因为婚姻是法律内之规定），因此，不受法律的保护。这个孩子，如其所是，是以不光明的方式（就像走私品一样）成了公共财产，所以公共财产完全可以无视它的存在（因为这个小孩本来就不应该以这样的方式来到世间）。"按照纯粹的、普遍的道德准则，"不合法的"孩子犹如

---

① 伯恩斯说："我们惩罚罪犯主要是为了让其罪有应得，而处死罪大恶极者则是出于道德的必要性。"这一说法是非常具有康德风格的。载沃尔特·伯恩斯：《处以极刑：犯罪与死刑的道德性》（纽约：Basic Books，1979 年），第 8 页。
② 康德：《道德形而上学》，第 142—143 页。

"走私品"，因此他们的母亲可以"废弃"（annihilate）他们，而无需害怕会被指控谋杀之罪名。①

在我看来，这些例子清楚地展现了康德式伦理学有多吊诡。这种伦理学欲想站在纯粹理性的基石上科学地确立起普遍的道德准则。但是，这些准则的结果，不是其他，正是对康德的时代和文化中占统治地位的道德的囫囵肯定并以极为华而不实的、伪科学的、伪合法的语言来表达出来。讨论康德关于性、奴仆和死刑、单身母亲之杀死子女等观点的不道德，并不是我的目的。我想要说明的是康德在哲学上极大的傲慢。康德的伦理观显然并不是普遍的，也不是建立在纯粹理性的基础上。因为他的整个伦理体系是一个怪异荒诞的失败。这证明了他书中的一个主要观点：伦理学具有潜在危害性，很易导致社会冲突和暴力的使用。以这样的一种道德哲学，人们便可以以科学之名证明，同性恋以及那些搞婚外恋的人必须在道德和法律双层上都受到谴责，所有的谋杀者和他们的从犯都应当根据法律处死，以及有的孩子可以被"废弃"。阅读康德，我总会想到禅宗中的临济禅师所说的关于哲学式道德家的段落："有一般不识好恶，向教中取意度商量，成于句义，如把屎块子向口里含了，吐过与别人。"②

作为康德的同时代人，杰里米·边沁提出了一套在内容上与康德有很大不同的伦理体系。但二者都同样傲慢。二者都宣称已经科学地确立了善恶的准则。和康德一样，边沁认为，他的观点是普遍有效和合理的，这个世界如果真的想要变好，就必须遵循他的伦理道德体系。二者都认为，他们所发表的论文，是对这个世界巨大的贡献。

边沁的"功利主义原则"是很简单直接的。我要从他的《道德与立法

① 康德：《道德形而上学》，第 144—145 页。
② 《临济禅师语录》，波顿·华兹生译（波士顿：Shambhala，1993 年），第 61 页。

原理导论》(*An Introduction to the Principles of Morals and Legislation*)中的第一章中引用两句话:"受苦、乐二者的主宰,自然已经取代人类。正是这二者,正确地指示出了我们应该做什么,并决定了我们应该做什么。"[1]边沁使用了与康德同样的必然论断方式,他宣称已经确立了任何可能的科学伦理学的唯一原则。在他看来,所有的伦理学必然是从对痛苦和愉悦(苦、乐)的评价中产生的。一切给人带来快乐大于痛苦的事物就是善的;反之则是恶的。当然,这个问题是判断什么是快乐的而什么不是,以及对谁来说是如此。但是,边沁对此并不犹豫。他的论文就主要处理的是如何决定,或者更准确地说,是如何衡量苦与乐。归根结底,他的伦理学是想要科学计算——对个体和社会整体而言的——苦和乐的数学化的伦理学,通过计算,以纯粹理性的方式将善恶区别开来。与康德不同,边沁并不想避免经验的思考,但是他相信他已经建立起了普遍科学的道德原理。

在此,我不会罗列边沁学究式的且怪诞的分析,我也无意列出他的"幸福计算法"(felicific calculus)——他认为凭借此计算,就可以准确地衡量出幸福与快乐。有兴趣的读者也许会自己深入探讨。"一个人"所能承受的重量是如何与其对苦和乐的敏感度相关联,我会对这句话作注解。[2](因而,承重量变成了估量特定公共政策之道德品质的有效工具。)同样有趣的是,对于苦乐的敏感度,边沁也科学地思考了性别对伦理的影响:"就数量而言,女性的敏感度大体上要比男性更大;女性的健康要比男性更脆弱;在身体的力量和坚硬度上,在知识的数量和质量上,在智识力的强度上,以及心智的坚强度上,她们通常要差些;道德

---

[1] 边沁:《道德与立法原理导论》(牛津:克拉伦登出版社,1996年),第 11 页。
[2] 同上书,第 54 页。

的、宗教的、同情心的、反感的敏感度通常是女性要比男性更强烈。"①

再次声明，我无意也无兴趣要判定边沁的这些论述是不道德的。但是，与康德一样，对边沁之主张的伪科学本质与他实际言辞的陈词滥调以及明显的文化局限相比较，都令我极为震惊。这其中体现了和康德一样的学术自负，在他实际的道德判断中，也有着同样充满愚蠢的成见。人们常常说，边沁的道德测量和"最大多数人的最大幸福"的理念，可以被用来证明任何旨在增进强势群体（powerful group）的快乐都是合理的社会安排。例如，奴隶制如果仅仅将痛苦施加于社会少数人的身上（如果有人科学地考虑这一点，站在种族划分的立场上，会发现少数人对于痛苦不太敏感），并给予更敏感的大多数人带来巨大的快乐，那奴隶制就是正善的。

和康德相比，边沁对研究应用伦理学更感兴趣，也更积极。他希望有机会改造法律，甚而使他自由市场道德理论（free market morals）能在全世界付诸实施。他试图劝说英国政府采纳他的新发明——全景监狱（Panopticon）。这种监狱的设置，是以边沁的道德科学为基础的，形状将是圆形的，这样一来，所有牢房的情况都能通过整个监狱建筑的中心点来观察到。他也参与了英国关于如何处理贫穷问题的公众讨论，他也是以道德科学为基础，"主张那些不能或者不愿意为他们自身的生存而劳作的人，不应当比那些劳作的人更幸福。另外，他提出一种由联合股份公司经营的工场（Industry Houses）制度，以此为贫穷的人提供住房，同时为他们提供劳作必需品，通过劳动培育俭朴、节制和勤劳的美德"。②

---

① 边沁：《道德与立法原理导论》，第 64 页。
② 罗森(F. Rosen)：《边沁简介》，载《道德与立法原理导论》，第 xli 页。

边沁比康德更积极踊跃地试图扩大自己的伦理体系的影响力。他相信自己的伦理学会建成一个在道德上更正确的社会,相信任何社会若想要变得更好就必须适用他的原理。他关于监狱和穷人的伦理建议,其实质都一再表明,这种基础主义伦理学所具有的潜在的社会危害。在我看来,康德和边沁的伦理傲慢(ethical presumption)在特征上有微小不同,但是却同样古怪。他们荒诞的伦理体系都不成功。

尽管他们的伦理体系是荒诞的道德指示和伪科学,但康德和边沁仍然被视为现代西方最重要的道德哲学家,最具影响力的道德哲学家。基于理性或者实用原则的道德哲学仍然不仅在学术伦理学内部不断丰富和发展,且在其外部也同样如此。但是几乎所有新康德主义和后康德主义者都不主张杀死不合法出生的孩子,大多数的实用主义者也都不再使用"幸福计算法"。今天的哲学伦理学的支持者会说,这样的错误已经被纠正,因而这种伦理学已经取得了实质性的进步。他们会说,我们现在的学院式伦理学或许是建立在像康德和边沁这样的思想家基础上的,但是我们已经逾越了他们,我们如今的伦理学要比历史上的先驱者更好。那么我为何还要在倒洗澡水时连小孩一起倒掉呢?我为何还要责骂所有仅仅是建立在早已逝去的哲学家的某些特别的荒谬言行上的学术性伦理学呢?

我并不是要特意责备康德和边沁提出了错误甚至不道德的伦理学说。我所关注的是他们声称能够科学地确立什么是善、什么是恶时所展现的自负和傲慢。就此而言,当代的康德主义伦理学家和功利主义者并无不同。即使是在今天,伦理学家也常常说,他们的原理是普遍有效的。如果他们不是伦理普遍主义者,那么通常他们也仍然相信能够确立起某个可以应用于社会中的原则和纲领。他们习惯了在学术上为社会描述某种合理有效的伦理准则。与维特根斯坦一样,我认为伦理学是无法表达的。我的意思是说，不存在"道德科学"。当然，有人会争论说，什么是正确的，什么是错误的，并提出为何如此或好或坏的理由。对于宗教和审美价值，也同样可以这样说。对此，我并不怀疑，也不否认。但是道德并不是由客观所决定的。如果有人试图科学地确立什么是善和恶（或者正如哈贝马斯和他的追随者的例子，理性地确定什么是善和恶的规则），对我来说，这不仅易变成荒诞古怪的，而且是对社会的危害，因为它易导向关于其运用的基础主义主张。对于宗教和审美价值来说亦然。维特根斯坦说，如果有一本书包罗万象地说什么是对的，什么是错的，那么其他所有的书籍都将要付之一炬了。① 康德和边沁都认为，他们已经写就了这样一本书，但是至今为止，至少在笔者看来，需要销毁的书正是他们自己的。

---

① 维特根斯坦：《关于伦理学的讲演》，载《哲学评论》（*Philosophical Review*）74（1965 年），第 3—12 页。

第七章

道德进步的神话

如果有人质疑伦理学的用处和益处，他常常会遇到这样的反驳：固然，道德化世界观是有问题的，而且也有许多危害是借伦理学之名而造成的。或许这种危害不能被简单地归咎于滥用伦理。但是这个世界难道不是已经在伦理道德层面取得了长足的进步？难道我们没有注意到，在过去的几个世纪中，在我们生活的世界中，伦理道德已经取得长足发展？例如，想想奴隶制的废除，想想越来越兴起的对宗教政治迫害和种族灭绝的谴责。我们的社会，不正在意识到人权及其神圣不可侵犯吗？显然，我们没有生活在一个道德完美的世界中，但是我们生活在一个道德越来越好的世界中，比我们的祖父母和曾祖父母所处的时代都要好的世界。所取得的某些进步对那些从中获益的人（例如，非裔美国人和妇女）来说相当重要。而且，还会取得更多的进步。我们应该为了实现更大的道德进步而努力，以使这个世界继续进步，而不是公开指责道德。

这种反驳是从历史性的角度立论，认为总体上伦理道德是有发展的。这个观点隐含着，存在着某种道德进步；这个世界随着时间的流逝而在道德上逐渐提升，至少只要我们努力如此去做，就能够实现这种发展。另一种关于伦理进步假设的观点则关注的是个人，而不是社会总体。这种观点认为，人类的发展主要是由道德的发展组成的。年纪越大，我们就会变得越具有道德，至少趋势是这样的。我们越成熟，我们就能越发合乎伦理地进行思考和行动。与我们的身体发展相应，我们精神层面也会变得越来越具有伦理道德观。随着年龄的增长，我们不仅长大、变得聪明，而且也可以作出符合伦理道德的决定。道德似乎是一个学习的过程。孩童学习具体的道德规范，但是更重要的在于，他们逐渐学会了如何以伦理的视角看待他们自身、他人以及世界。他们渐渐成为具有道德责任的行为者。因此，这一假定主张，一个人的道德会进步是一个事实（至少通常是如此）。对道德进步观念的最著名的支持者是科尔伯格（Lawrence Kohlberg）*。

在这一章中，我将对两种关于道德进步的假设加以质疑：首先是粗略地对关于历史进步的观点作讨论；然后，则更具体地，涉及以科尔伯格为代表的关于道德发展的观点。

对于关于伦理的历史进步的假定，我提出了三个反驳论证。第一是逻辑的或者修辞学的。对于任何一套伦理学的主张者来说，相信他们自己的伦理学体系不仅是好的而且要比其他的伦理学体系要好，这自然如此，但却无异于同义反复。如果一个人相信了某种区别善恶的特定方式的有效性，那么他就只会坚称这一区别是正确的了。因此，如果有一套伦理学，这套伦理学在道德上证明了奴隶制是合理的，而这套伦理学被另外一套不同的谴责奴隶制的伦理学体系所取代，那么不言

---

* 科尔伯格，又译柯尔堡，美国儿童发展心理学家。他继承并发展了皮亚杰的道德发展理论，着重研究儿童道德认知的发展，提出了"道德发展阶段"理论，在国际心理学界、教育界引起了很大反响。

而喻,另一套伦理学体系会声称,它比第一套要优越。故而,历史性的
道德进步这一假说不必然是自我矛盾的,但是它至少是自我应验的
(self-fulfilling)。任何为社会所普遍认可的伦理学范式之所以为人所
认可,仅仅是因为它是一个被普遍认可的范式。如果有人相信一个被
普遍接受的伦理学范式是正确的,那么他就只会相信这一范式要比其
他所有的在它之前的范式都要先进。与托马斯·库恩(Thomas Kuhn)
对科学领域范式变革的观点相应,我认为伦理学范式具有变革的历史。
对进步的叙事,既附着于修辞学的历史,也必然附着于逻辑的历史,但
是进步不是一个客观的事实。不相信自己的伦理学范式的优越性是不
可能的。如果有人真的不相信那一套伦理学范式,那么这就一定不是
他自己的范式。我的论证并不是说,谴责奴隶制没有支持奴隶制好。
事实上,我个人认为,谴责奴隶制是更好的,因为我也支持反对奴隶制
的伦理范式。但是我想说的是,要从这其中推出一种道德进步的理论,
仍然是有问题的。奴隶制的拥护者相信他们在伦理上是具有优越性
的,正如我们关于反对奴隶制所持的观点那样。准确地说,我们的伦理
学范式胜利了,或者说,我们现在主张的这个范式,是因为获得了普遍
的支持。但是事实上,任何一套伦理学范式的确立都是如此。正如库
恩所揭示的,下一结论说接替旧范式的新范式的历史在事实上是一个
进步的历史,这是很成问题的,因为不存在一个中立的有利位置能够提
供一个衡量进步的标准。我们的道德价值是我们的道德价值,因此,我
们必然会相信这些价值要比那些不再是我们价值观的东西要好。

　　我反驳历史中道德进步假说的第二个论证在第九章中有详细论
证。在此,我仅扼要叙述如下。如果我们从实用的观点来看道德进步,
那么最重要的进步似乎是在伦理考量被超越后的阶段,此进步在于法
律措施取代了伦理考量。对奴隶来说,重要的不是奴隶制在道德上受

到了谴责，而是奴隶制度在法律上被废除了。人权问题也是如此。伦理考量到底对法律的变化影响有多大，是有争议的。但是，我将会论证，实际社会的进步对法律的依赖总是要大于对伦理的依赖。我不认为伦理或法律的价值是可测量的，因此，从哲学上来说，我不相信任何绝对意义上以任何普遍的或者先验的原则为根据的进步。不过我当然不会否认不做奴隶要更好，然而，这种转向更好方向的实在改变，是通过法律才起作用的，而不是通过伦理道德，也不需要至高无上的或者先验的理念来使之发生。在此，我同意理查德·罗蒂，在实用主义的观点看来，我们不必要相信绝对价值的存在，也不需要相信历史进步是朝向绝对价值的——以区分我们更喜欢什么和不喜欢什么。

第三，就实际经验来说，我很怀疑，我们的世界在过去的几个世纪中——如果以众多道德学家的道德标准来看——在道德上真的进步了吗？可以肯定的是，奴隶制废除了，人权也因此觉醒，如此等等。正如我所说的，从实用主义的视角来看，不能否认这些改变是好的。但是，仍然有许多问题与这些所谓的已经取得的道德进步随之而生了。[①] 除了许多的群体暴力、最近几十年发生的战争和种族灭绝，还有非暴力性的问题，例如，人口膨胀。世界人口正在以前所未有的速度增长，可以想象得到这与可持续发展并不相合。人口增长的净数量是如此庞大，以至于数十亿的人口生活在贫困线之下，而很有可能，这个问题会继续加重。道德怎能允许无限制的增长而导致有人受苦受难？或许更具伦理性的问题是大气污染导致了全球变暖，看上去化石燃料的使用已经导致了不可逆转的气候变化，这会导致很严重的后果。正如人们常说

[①] 对于道德进步神话之解构，一个更详细但在内容上类似的讨论，可参看约翰·格雷：《刍狗：关于人与其他动物的思考》书中的"并非进步"（Non-Progress）一章（伦敦：Granta，2002 年），第 153—189 页。

的：我们会留给我们的孩子和孙子一个不再适合居住的世界，至少不是以我们所知的方式生存。道德怎么会这样呢？地球上的大部分自然资源已经在过去的两代人中被开发掉了。我们不仅在燃烧石油的同时污染了空气，而且也用光了石油，丝毫没有考虑到子孙后代的需求。与此类似，我们已经污染了地球的水资源，也用光了地球的水资源，水资源可能已经不足以供应我们的饮水了。即使是所谓的无污染能源如核能，也会对子孙后代造成很大的负担，他们必须得注意放射性污染。让我说得更清楚些：我不同意这些问题可以被看作道德问题，或者可以通过道德的方式解决。我正在说的是，如果我们用道德词汇来看待历史，很难证明我们的世界就比以前的世界在道德上更好。

　　拿我们在环境上犯的罪恶与先前人的罪恶（如奴隶制）来作对比是很成问题的，道德进步主义者会因为我们废除了后者而感到优越。似乎可以合理地得出结论，我们在道德上犯下的罪要远比他们深重，因为我们已经危及了在这个星球的人类可持续生存。甚至还可以说，我们这一代是从未有过的最不道德社会分子，因为在人类历史上，这可以指责说是首次的大规模的人类活动毁坏了整个星球的生态系统的时代。正如我所说的，这不是我要提出的论证，我也不会提出一个伦理道德的标准来衡量，因为我既不是在为道德进步的理论作论证，也不是在为道德堕落的论调作论证。事实上，我认为，我们无法衡量奴隶制和环境污染二者的不道德的程度，然后又对二者作比较。如果有人为道德进步（或堕落）作论证，他就必须制定一个标准或作比较。而在我看来，制定衡量标准是荒谬的。

　　我论证的核心是，谈论任何普遍的道德进步都是无意义的。从实用的角度来讲，我们可以谈论法律进步（例如，奴隶制的废除，或者人权），我们也同样可以从同样的角度来谈论环境的恶化（例如，污染，资源枯竭）。如果有人胆敢说伦理进步，他就必须考虑所有相关的问题，然后试着客观地衡量它们。我认为这是不可能的，而且如果这是可能的，也不会有很大用处。如果我的非道德化的推论是正确的，那么就无需从伦理道德的角度来看待这些问题。对奴隶制来说也是如此。准确地说，我们需要的不是一个新的环境伦理学，而是新的环境法，以此来处理我们所面对的大量问题。对此，我们不需要知道"邪恶的"二氧化碳是什么，或者排放二氧化碳的人是谁，但是这种排放的程度有多高，它导致了什么问题，以及我们应当施加什么样的限制，则是需要知道的。对于那些无视限制的人，我们应该按照法律来处理。以伦理范畴来看待奴隶制或者环境问题，听上去很好，也给予专业伦理学家和那些听他们说话的人以舒适的感受（或者，也提供了好的报酬），但是道德评价具有什么实用价值，则是颇为可疑的。或许有人会论辩说，伦理考量必然先于法律的和其他的衡量措施，但是对此我表示怀疑——正如我已经论证的，也是我将会继续论证的。为了处理具体的环境问题，我们需要的是具体的环境解决措施（新的技术、新的管理、新的惩罚措施、新的税收政策等），而不是伦理的评价。使用善与恶的术语来描绘我们的环境问题，是不必要的，也是没有益处的。

现在，我要转向道德进步的观念，这种观念认为道德进步如果不是一种普遍的历史事实，那么也至少是任何个体都会经历的。心理学家科尔伯格以最复杂、最具体的模式论述了人类的道德发展。科尔伯格遵循了发展心理学家皮亚杰（Jean Piaget）的传统，对人们随着年龄的增长"通常"都会经历的认知和行为阶段进行了更为经验性的研究。科尔伯格和他的同事进行了扩展性的研究，其目的是要对关于道德进步的基本假设进行科学的证明。这个假设具体的是以一个将道德成长分为六个阶段的模型为基础的。从道德推理的一个相对原始粗糙的模型开始,人类在认知上逐渐地建立起了更为复杂的道德信念类型,直到他们最终达到道德能力的最高点——至少从可能性上来说是如此。在认知心理学研究中这是正常的,科尔伯格及其合作者的共同研究实际上证明了这个模型基本是正确的。还有大量的调整需要做(例如,对中间阶段的介绍),但是他们断言,这样的一个假设在科学上是合理的。

并不是每个人都会接受这个假设的有效性,其他的科学家进行了不同的研究,或者是很大程度上修正了科尔伯格的研究,或者部分甚至彻底地怀疑科尔伯格的模型。这在认知心理学研究中也是正常的。我不是一个心理学家,我也没有资格对——证明科尔伯格正确或者错误——认知证据作评论或者评价。我的意图是想从哲学的观点来批评科尔伯格的模型。毕竟,他代表著作——是关于其理论的一部论文集——的第一卷,篇名《道德发展的哲学》(The Philosophy of Moral Development)。①

科尔伯格模型的第一个阶段叫作"惩罚与服从阶段",在这一阶段,道德就是由于害怕受到惩罚的盲从,盲目地遵从被外在权威施加于个体身上的规则;第二个是相对功利阶段,用科尔伯格的话来说,"是工具性的",道德就是为"个体自身或者他人的需要"服务的;第三个阶段是"相互合作"的阶段,在这一阶段,一个人所做的事情是他所相信的且为他周围的人(如家人、同龄人等)认为是"善"的事情;第四个阶段包括科尔伯格所称的"良心维持"(conscience maintenance),与"从个体间相互合作认同角度的社会性观点"相区别开来,因而将对社会整体秩序的维护

---

① 科尔伯格:《道德发展的哲学:道德诸阶段与公正的观念》(The Philosophy of Moral Development:Moral Stages and the Idea of Justice),载其所著《道德发展论文集》(*Essays on Moral Development*)卷1(旧金山:Harper and Row, 1981 年)。

称为是善的，而非仅仅考虑个体最切身的社会环境；第五个阶段是"后习俗"阶段，视道德价值为先验的，科尔伯格解释说，它"采取了先于社会的视角"，处于这一阶段的个体会理性地思考道德权利和价值的有效性；第六也是最后一个阶段，是"普遍性伦理原则"阶段，这一"阶段将普遍的伦理道德原则视为行为指南，且是所有人类都应当遵循的"。对于这一阶段的人来说，"作为一个理性的人，做正确事情的原因，就是他已经认识到了道德原则的有效性，并且已经完全置身其中"。因此，这些人所共有的观念是"任何理性的个体都认识到了道德的本性"。①

显然，这六个阶段被认为代表了人类道德发展是线性的、等级的过程。一个人需要逐渐长大，经历从低级阶段上升至高级阶段的过程，每一个阶段都要比前一个阶段在道德上更高一层。这是一个个体随着年龄的增长而逐渐沿循爬升的道德阶梯。最后一个阶段是道德发展的顶点。这一阶段的人彻底认识到了"道德的本性"，理解了任何理性的个体都必然同意的特定法则的绝对有效性。科尔伯格和莫德蔡·尼桑（Mordecai Nisan）说道："道德判断之发展的这些特征所导向的是在文化上具有不变性的阶段序列，或者是等级结构，每一阶段或等级都相互区别又紧密结合为一整体，因而每一个阶段又都比前一个阶段显得更为平衡。"②显然，这些阶段是用来描述道德的进步的。它们也被认为是严格的心理学或者认知的，因而具有文化上的不变性。道德是无法脱离文化的认知成果，其最高阶段就是先验的、普遍的

① 这段话中的引文出自科尔伯格《道德发展的哲学》附录，第 409—412 页。
② 科尔伯格与莫德蔡·尼桑：《道德判断诸阶段的文化普适性：一项在土耳其的纵向研究》(Cultural Universality of Moral Judgment Stages：A Longitudinal Study in Turkey)，载科尔伯格：《道德发展论文集》卷 2《道德发展的心理学：道德诸阶段的本质与确证》(*The Psychology of Moral Development: The Nature and Validity of Moral Stages*)（旧金山：Harper and Row，1984 年），第 582 页。

理性。

按照笔者的看法,科尔伯格的道德发展模型兼具了康德伦理学与边沁伦理学中最坏的方面。他与康德的类似之处是,宣称已经确立了先验的、理性的、普遍的以及文化上具有不变性的道德。而与边沁类似的是,都宣称已经确定了如何科学地测量道德。当然,在科尔伯格的理论中在第六阶段掌握的普遍性伦理原则,与康德的理论略有不同。康德生活在18世纪的欧洲,他将他自身所处时代与所处的地方的道德价值确立为普遍的、理性的以及文化上具有不变性的伦理法则(包括关于杀死"不合法婴儿"的道德借口)。而科尔伯格的主要工作则是在20世纪六七十年代完成的,因此,他发现在他那个时代,西方世界中传播的社会正义伦理学是理性的、在文化上是具有恒久性的。与边沁不同,他没有使用幸福计算法,而是发展出了一套更为现代化的将善、恶量化的方式。因为他是一个经验主义的心理学家,他的大部分工作都是由关于道德尺度的评估和方法的具体科学研究构成的。科尔伯格的第二部里程碑式著作就是《道德判断的尺度》(*The Measurement of Moral Judgment*)。①

宣称确立起了理性的、先验的、普遍的、具有跨文化不变性的道德法则,并宣称能够科学地测量道德,这种哲学的傲慢,我在第六章中已经作了详细论述和反驳。我的论证与傲慢地作出这种断言的心理学理论相同。我认为,科尔伯格的道德普遍主义与康德的观点一样,都具有误导性,他的测量方法也与边沁的一样荒谬。

在此,我不想过多纠缠于争论心理学或者整个社会科学中数量学方法的使用,也因此,我自然不会指责科尔伯格操纵了他的实验数据,

---

① 科尔伯格与安妮·柯比(Anne Colby):《道德判断的尺度》(两卷本)(剑桥:剑桥大学出版社,1987年)。

并对其结果进行了错误阐释，或者指责他所做的问卷调查不够充分。我不会批评他研究的科学与否。已经有人这样做了，但是我不会从这个角度来评判科尔伯格对道德的测量工作。然而，我坚定地认为科尔伯格其实并没有测量出他真正想要测量的事物，这个他无法测量的便是人们的道德判断，从广义上来说，就是人的道德能力。

科尔伯格和他的助手常常会以假设性的道德困境来测试他们的被试者，例如"你的母亲病得很重，但是你又没钱为她治病买药，在这种情况下你去偷窃是对的吗?"然后他们会问几个关于人们在类似情形下会如何去做的问题；如果这在道德上可以接受，那么他们如何为他们的行为辩护等问题。之后，他们就会将被试者作出的回答与道德六阶段理论作对比，进行各种评估，尤其是与年龄进行对照，这样他们就可以估测出被试者的道德发展——或者是他们所认定的道德发展。我要反驳的关键就在于此，在我看来，对道德度量的虚假就在于，科尔伯格和他的助手所发现的仅仅是特定的人群如何回应专业的心理学家们所提出的特定问题。确切来说，他们所发现的成果是被试者如何回应假设性的道德困境。换言之，他们实际上所测度到的是这些被试者谈论道德问题的能力。无怪乎他们会发现，被试者的回答与他们的道德发展理论模型是一致的。显然，成年人远比孩子更有能力以较为复杂的方式讨论道德，年轻人也能够比十几岁的少年更自如地谈论道德问题。故而在我看来，实验的结果仅仅是表明了，当面对着一个具有高度假设性的问题（就好像是在上学时参加的英语考试一样）时，一个人的年龄越大，他就能够更好地表达自己的想法。他们所测量到的是在应对假设性的情境中如何进行讨论道德的能力，是人们如何更好地进行道德的交谈。

而他们所没有测度到的是道德判断，因为他们根本无法探寻出，被试者面对真实的道德问题时如何下判断。当然，这在统计数据上是有问题的。比拟人们遇到的具体的伦理难题是非常困难的。你又如何去度量某个欺骗他女友的人以及另外一个同样也欺骗他女友的人的道德判断呢？显然，问题就在于他们实际上所做的并不是同一件事情，因为每个个案都是不同的，不能以对一个个案的测度来反驳另一个个案。即使科尔伯格的工作小组确实已经看到了被试者在现实生活中所作出的真实的道德判断但他们又如何进行抉择和筛选呢？哪一种道德判断（例如，欺骗你的女友或者偷税）更应当被视为代表性的？当我们作为个体面临道德困境时，是否总是会采用同样的道德判断法则呢？实际上，对于每一种道德困境，我们仍往往并没有一套相应的一以贯之的道德判断系统。

退一步说，即使能够做到从某种程度上对处在某一年龄段的人的道德判断进行测量和确认，也仍然无法测算出这个人的道德能力或者是否道德。我们如何判断道德问题与我们的行为是否符合道德，这是两码事，前者并不决定后者。我可能会以大多数人都会觉得不道德的方式行事，然而，如果我足够聪明，我会深思熟虑，用道德来为自己的行为正名。这样的例子有很多，在政治中、法庭上以及婚姻中屡见不鲜。依我所见，具有成熟的道德判断的能力与一个人是否依道德规范行事，并无多大关联。

科尔伯格所实际测量到的是，当人们到了一定的年纪，他们是如何以当下的风气应对道德话题的交谈的，而不是测量出他们的行为、认知道德与否。在全球化的时代，这个测量结果多多少少在世界范围内都会比较相似，这根本不足为奇。我们都为全球化的大众传媒所影响，而大众传媒正是道德价值的主要传播中介（参看第十一章），我们正是通过其中的事例来习得如何在道德上为我们的行为寻找理由。证明某件事情是道德的是一个语言交流行为。科尔伯格忽视了我们进行道德上交流的能力、用道德范畴进行思考与我们行为的道德特性之间的差异。在我看来，对于假设性问题的回答并不能代表一个人是如何思考道德问题的。它当然更没有指示出，一个人在既定的环境下会如何行为的。因此，我相信，科尔伯格关于道德判断的科学测量，最终与边沁关于道德测量的幸福计算法相比，也并不显得更有用。

科尔伯格的道德发展模型的另外一个主要问题是，这种理论就像康德的理论一样，假定了先验的、具有跨文化的、不变性的东西，但同时，又主张它已经确立了道德的最高形式，也即最理性的，因而也是最好的伦理学。① 中国古代早已发展出了一种道德哲学——儒学，但是儒家文本基本不以普遍伦理法则——一个人遵循它，是因为"作为理性的人，个体已经认识到了它的有效性"②——来看待伦理道德。正如我所见，对于儒家来说，道德之本在于孝，是以个体对于双亲的适宜情感为基础的。儒家伦理学整体上都是以个体对于家庭成员的情感为基础的。这就是说，既不是理性的，也不是以某种先验的普遍法则为基础的。如果将儒家伦理学拿来和科尔伯格的发展理论作对比，充其量，儒家的这种道德情感仅相当于科尔伯格的第三个阶段，即人们相互合作与和谐的人际关系的阶段。

故而，科尔伯格道德发展六阶段理论模型的严格遵循者，当他们触及非西方的道德学说，例如儒家的伦理学说时，就仍然会面临两难的选

---

① 科尔伯格承认，有一些文化因素会影响他调查研究的结果，但是他仍然主张，其模型是普遍有效的。关于这两项跨文化研究，见科尔伯格：《道德判断诸阶段的文化普适性：一项在土耳其的纵向研究》，载《道德发展的心理学》，第582—593页。以及科尔伯格、约翰·斯纳瑞（John Snarey）、约瑟夫·雷米尔（Joseph Reimer）：《道德判断诸阶段的文化普适性：一项在以色列的纵向研究》，第594—620页。

② 科尔伯格：《道德发展的哲学》，第412页。

择。固然可以从科尔伯格伦理道德模型的角度估量儒家思想,将其归入第三阶段,但是在我们所处的时代,这本身就是相当不道德的。考虑到科尔伯格模型的严格的等级层次,这实际上意味着,儒家伦理学尚处于不健全的、未发展成熟的阶段。而反过来这也可以被理解为是带有偏见的、殖民主义的、种族主义的看法。将这样一个重要的非西方道德传统贬低为在伦理道德上不成熟的思想,不论在政治上还是道德上都是不正确的。为了使科尔伯格不显得难堪,同时也将儒家思想解救出来,唯一可能的选择是:必须证明,即使是儒家思想也是一种关于普世道德法则的伦理学。然而,这种说法又完全扭曲了儒家思想,而且也从另一个方面否定了其他任何一种伦理学,当然也包含科尔伯格的在内。① 任何一种将自身视为科学的、普遍的,在某种程度上最高的伦理学都是如此,它必定面临着一个抉择:要么将其他的伦理学视为次等的,要么否认它们的独特性和重要性。

任何伦理学——与科尔伯格所主张的康德式六阶段理论不相应——都必然会被贴上不够好、不够成熟的标签。科尔伯格在六阶段之间确立了非常严格的区分值。因此,小孩子和婴儿就是在道德上尚未发展的、有缺陷的。一个人只有到了一定的年纪,才能变成有道德的,而这也就意味着,一旦老了,个体的理性能力又开始衰退,那么他又会变得不那么道德了。因而科尔伯格的模型在很大程度上借鉴了现代西方启蒙运动的传统——将一切事物都摆在理性的天平上来衡量,其标准就是理性成熟的男性。儿童、妇女以及老人则是未完全发展成熟

---

① 这种尝试已有学者做过。见罗哲海(Heiner Roetz):《轴心时期的儒家伦理》(*Die chinesische Ethik der Achsenzeit*)(Frankfurt/Main:Suhrkamp, 1992 年)。罗哲海试图在儒家思想中发现科尔伯格所说的六阶段以及理性的道德概念,在笔者看来,这一做法和基督教传教士试图在其中发掘基督教的普世价值和信念一样荒谬。笔者认为,儒家思想并不需要基督传教士或科尔伯格式的门徒。

的。尽管科尔伯格的模型并不排除女性有达到最高阶段的可能，但是却清晰地显示出对于儿童和老人来说，这二者是无法达到最高阶段的。（这一点也使得儒家思想和科尔伯格的理论没有可比性。因为对于儒家来说，老人应当得到最高的尊重。）这其中意味着，人只有完全长大或者心智发展成熟，他才是真正善的、好的。对一切事物在伦理道德上的衡量，都要以其与这一最高类型的距离为标准。一个人在道德上的善与恶依赖于他距离科尔伯格所说的普遍法则有多近。

科尔伯格对于以色列集体农场（the kibbutz）的社会生活非常感兴趣，他认为，尽管集体农场"不是一个特别温馨、在情感上可以良性互动的或者个性化的环境"，但是它对于培养孩子的道德发展是非常成功的。[1] 他发现，孩子们在集体农场中成长得非常好，且相对来说能够比较快地越过道德发展的低级阶段。这些孩子在比较年少的年龄就可以在道德上表现良好。显然，科尔伯格将此视为伦理道德上的成功例子。但是教育家 A. S. 尼尔（A. S. Neill），在他对与夏山学校的谈话中提出了不同看法："来自以色列的教师告诉了我那里有个非常好的社区中心。这个学校是社区的一部分，而社区的主要任务就是辛勤劳作。有位教师告诉我，如果不允许十岁大的孩子到花园中挖土，并对其惩罚，那么他们就会哭泣。如果我有一个十岁大的孩子因为被禁止去花园挖土豆而哭泣的话，那么我会纳闷他在精神上是否健全。儿童时期应是个开怀玩耍、无忧无虑的时期，任何忽视这个事实的社区体系都必定是在以错误的方式进行教育。在我看来，以色列的方式是在牺牲年轻人的活力来满足经济的需求。这可能是必要的；但是我却不会说那就是

---

[1] 科尔伯格：《道德发展的哲学》，第 142 页。亦可参科尔伯格、约翰·斯纳瑞（John Snarey）、约瑟夫·雷米尔（Joseph Reimer）：《道德判断诸阶段的文化普适性：一项在以色列的纵向研究》，载《道德发展的心理学》，第 594—620 页。

理想的社区生活。"①

尽管尼尔并没有特别谈及道德发展,但是我想他的主要观点就是对于科尔伯格——对集体农场的崇拜——很有效的批评了。科尔伯格的模型意味着,第六个阶段要比前五个阶段都要好,因此,个体的发展朝向第六个阶段就是好的。所有先前的阶段都是有缺陷的。因此,儿童只具有不完全的道德,在十岁左右,一般就处在一个仍然相当不成熟的阶段。因此,当儿童,像那位教师向尼尔所描述的那个集体农场中的儿童,就发展出了道德德性,这就被视为是好的。但这对于他们所在的年龄来说是不正常的、非常规的。如果儿童出于道德的原因而想要工作,就会被视为"好的",因为他们显然已经在道德上处于比较高的阶段了。按照科尔伯格的观点,我们就应该赞扬一个允许儿童尽可能早地接近于第六阶段的制度。然而,如果有人不同意科尔伯格的观点,不相信道德发展阶段的层级性,那么就会发现,如果儿童被"道德化"地培养,以使其能够"成长"得更快,这种做法是很有问题的。尼尔看起来并不相信那些已经认识到普遍伦理法则的成熟男性具有道德优越性。事实上,他的意思暗含了,或许儿童可以从情感交流的或者个性化环境中获得与道德化教育一样的成长效果。而且更重要的是,他还暗示了,儿童不需要是道德的。而按照科尔伯格的观点,一个孩子他越是年幼,就越坏。根据尼尔的看法,儿童是非道德化的(amoral),他们没有必要成为道德智人。事实上,对孩子们来说,不为道德所压坏,对他们的成长才显得更为有利。如果这是尼尔——当他在写这段话时——心中所想的,那么他就很接近于一位道家中人了。

---

① 尼尔:《夏山学校:关于童年的新视角》(*Summerhill School: A New View of Childhood*)(纽约:St. Martin's Press, 1993 年),第 44 页。(此书已有中译本《夏山学校》,王克难译。——译注)

　　道家关于至人、完人的模型是婴儿。① 婴儿的特质，准确地说，是没有特质，就在于它不需要道德，因此不需要去做正确的事情。婴儿就是完美的道德愚人。他自然而为，不以道德范畴来看待世界。我们不能使用道德语汇度量他，他也不会度量我们或者任何事物。这是一幅非道德化的生活方式的生动图景。

　　我不会进一步讨论关于婴儿的道家形象，但是我认为这可以拿来代替科尔伯格的道德发展理论模型。② 并不是所有哲学家都会将参透普遍道德法则的理性之人视为万物之灵长。事实上，有人更喜欢与婴儿为伴，而不是与这种理性的人为伴。对我而言，如科尔伯格所暗示的，人的道德真的会发展至越来越好的理论根本无法理解。我也不理解，为何一种道德的观点和道德生活就必然要比去道德化的观点和生活更加好或者更可欲。尽管人们随着年龄的增长会变得更有道德，如笔者所说的，更加善于用道德语汇来交流，但我不会将此称之为进步。虽然我在此并不是支持一种极端的道家式立场，我也不是说我们应当变成婴儿那样的人，而非科尔伯格眼中道德的人，但是若要求我将后者视为在本质上好于前者，我确实满怀疑虑。

　　为了进一步阐述我的观点，我想提到这样的事实：通常许多被视为不道德的行为，都是成熟的理性之人做出来的，而不是非道德化的婴儿，前者的行为便是基于所谓的普遍法则。因此，声称如果每个人都达到科尔伯格所说的第六个阶段的话，这个世界会变得更好，显然是不能成立的。再者，证明道德地去行为（我同意，婴儿并不能做到道德地行为）是正当的，这样一种证明的能力和社会真实的道德程度之间并没有

①　如《道德经》第五十五章"含德之厚，比于赤子"；第十章"专气致柔，能婴儿乎"。
②　关于婴儿意象的更多讨论，可参看拙作：《道家思想阐释：从蝴蝶之梦到渔网寓言》（芝加哥：Open Court，2004 年），第 74—81 页。

直接的关联。很可能是相反的情形：一个人越有能力证明行为之道德的正当性，就越有能力去为其所做进行辩护——不论其行为是道德的还是不道德的。我没有看到任何关于科尔伯格这一理论的实际的证明，我没有看到一个很多人处在第六阶段的世界就比很多人处在他所说的第三阶段的世界要更好。而我们可以看到的事实是，十多岁的青少年犯罪要比十岁以下的孩子更多，而二十岁以上的人犯罪则比十多岁的人更多，无论他们被科学地证明是否有更佳的道德判断能力。如果我生病了，身上也没有钱，这时我儿子偷走了我需要的药物，我会非常感谢。我不会关心我儿子可基于科尔伯格的阶段理论为他的行为作辩护。事实上，如果他这样做是出于爱（第三阶段），而不是出于对于道德本质的理性理解（第六阶段），我会更能认同。但是，再一次，科尔伯格会反对说，我尚未达到第六阶段的自我。

　　道德进步是个神话，不论是从历史上看，还是就个体的成长而言。这在某种意义上和人在减肥方面的进程差不多。基于普遍原则来理性地讨论肥胖，我们在这方面肯定取得了很多进步，就社会或不断年老的个体而言都如此，但是我们却仍然在变得越来越胖。

第三部分

当代社会的伦理学

第八章

德与法的分离

按照笔者的看法,对于道德,有两种相当有效的解毒剂,其一是爱,其二是法。从第八章到第十章,我会对后者作详细论述。我认为,法和法律系统不仅有非道德化地(amorally)运行的可能性,而且它们已然是这样了,至少在一定程度上是如此[如威廉·拉施(William Rasch)、理查德·诺伯斯(Richard Nobles)、戴维·希夫(David Schiff)所指出的那样][1]。我认为这种运行不是有害的,相反,这是它们自身演变发展的一部分。也就是说,法律系统以这样一种方式来发展,以使其自身可以从道德中分离出来,这种分离能使法律系统看上去更有效和更与时

---

① 威廉·拉施、理查德·诺伯斯、大卫·希夫采纳了尼古拉斯·卢曼的社会系统理论。拉施反驳了将法律系统从属于道德审视的观点,他说:"伦理道德,通过消除自身系统与周遭环境的差别,会危及自身自动增生的系统,这会成为危及道德自身的时刻。当道德侵占法律时,法律就不再是法律,而成为戒律。"[威廉·拉施:《尼古拉斯·卢曼的现代性:分化的悖论》(*Niklas Luhmann's Modernity: The Paradoxes of Differentiation*)(斯坦福:斯坦福大学出版社,2000 年),第 143 页。]诺伯斯和希夫详细描述了从 17 世纪起法律与道德分离的历史。提及霍布斯(Hobbes),他们写道:"对于门外观察者来说,法律系统声称可以运用道德原则,这看上去相当虚伪。"[理查德·诺伯斯、戴维·希夫:《法学社会学》(*A Sociology of Jurisprudence*)(牛津:Hart,2006 年),第 63 页。]

俱进。

关于我对道德与法律分离之辩护，有一个明显的反驳，这种反驳会遵循我在导言中提到的基督教牧师论证的策略，只能在宗教（或者，准确地说，是基督教）价值的基础上才能对连环杀手进行判处。而这种论证的世俗版本则会是，对于法律裁决（或起诉），我们不必然需要宗教的基础，但是却一定需要道德基础来支撑。在制定一种社会机制以将正义付诸实践之前，我们首先必须对什么是道德意义上的"公正"这一点达成某种共识。正义是基本的价值，法律体系需要诉诸它，用它来证明自身的存在、权力与目的。怎能将法律体系同正义的道德价值相分离呢？这难道不是一个彻头彻尾的悖论吗？这难道不与法律的自我定位相背吗？

对此，我不能苟同。我认为，这种来自道德的论证与来自宗教基督教牧师的论证一样，基本上都是出于同样的原因，具有误导性。二者的共性在于，犯了历史谬误推理的错误。两种论证都暗含了法律的历史决定了法律现在的状态，二者却都无视法律体系自身的演进。虽然它们在某些历史时期具有一定的效力，但是两种论证都未考虑到，时代在改变。

不可否认的是，不论是就东方还是西方的历史来看，法律和宗教，以及法律和道德，都曾经紧密相关。这对儒教中国和那些认同亚伯拉罕诸教（犹太教、基督教和伊斯兰教）的文明来说也同样如此。所有的亚伯拉罕诸教都曾在神圣之法和世俗之法间建立了紧密的关联。人类之法要么被直接视为神圣法条，要么被视为对神圣原则的现世应用。最著名的十诫代表了法律和宗教的不可分割性。而至今在有些实施伊斯兰教法的国家和社会仍将原罪等同与罪。杀人是罪，是因为这违背了上帝的意志——当然，除非将杀人看作是在顺承上帝的意志行事，将此视作履行宗教义务甚至是法律义务。然而,这些例子很难说,宗教是否就决定了法律是什么,或者法律是否决定了宗教。也即,法律是由宗教信念产生的吗？还是法律本身就具有某种宗教观念？与其轻率地将其中一方依附于另一方,不如说法律和宗教信仰曾经在某些情况下,现在也仍然是不相分离的,这样才显得更慎重。

现代国家和宗教的分离与法律和宗教的分离是同步的。这是美国政治自我标榜的核心,如果不是从更高的程度上说,它也是欧洲和世界其他地方现代化的特点。美国法官还时不时地试着在法庭上保留基督教象征的存在,但是这在实践中是不被普遍接受的。法律应当在宗教立场上保持中立,考虑到现今世界上多元宗教社会的普遍存在,显然在很多国家,法律并非建立在宗教信仰的基础上。虽然宗教和法律在过往肯定有相似之处,但它们的分离在全世界却已经成了一个社会事实。二者的重叠已经成为历史,也很少有人再去召回那段历史。当然,也存在特例(例如,塔利班统治下的阿富汗),但是这些特例通常也会遭受质疑,被视为落后的,甚至是中世纪的。

我认为,道德论证是宗教论证世俗化的一种表现。因此,这是一种历史性的论证,而不是基础性的论证。经过一段时间后,它也会被束之高阁,就像站在宗教角度的论证被抛弃一样。道德和法律的分离已经尾随宗教和法律的分离而至。看起来法律的演化正在朝向宗教的自主性以及道德的自主性的方向继续发展,而且这种演化在不断加强。

当然,在过去和现在,宗教、伦理和法律中同时都具有"正义"一词,且都有明确的含义。如今,这些含义的差别已经变得日益分明。在西方国家中,只有很少人认同法律正义与神圣正义是同一的。我敢预言,认同伦理正义和法律正义同一的人会越来越少。我并不认为这是奸诈和不道德的律师带来的愤世嫉俗的后果,正相反,这是去道德的法律体系演进的结果。在启蒙运动世俗化的过程中，对正义的理解从宗教性的转变为伦理道德的理解。而在现代社会，功能分化日益明晰，对正义的理解从道德性的理解转向了法律式的理解。正义被越来越多人的人接受为是在法律体系内部所产生的法律价值。它不再需要牧师或者伦理学教授的介入来确认什么才是公正的，或者说什么才是合法的。法官也不必要明晓什么在道德上或宗教上是正义的，而只是要知道什么是与法律符合的、什么是不符合的。正如在欧洲或者北美，没有法官以自身对《圣经》或《旧约》、《古兰经》的理解为基础去判案，也没有人期望法官以对康德、边沁、哈贝马斯或者罗尔斯的理解为基础来判案。事实上，无论持有何种宗教信仰，都不会是成为一名法官的门槛。类似地，一个人不会是因为对伦理道德的绝对命令熟悉才成为法官。再次强调一下，这不是说《圣经》或康德对法律的历史没有任何影响，而是说，这种影响是历时性的。欧洲和北美以及世界上其他一些地区的法律实践通常不是以宗教经典为基础或者通过咨询理论专家来作决断的，也不是通过研究道德哲学经典和让相关的专业解释者来作决断的。我认为，从现实层面来考虑，这是好的。我既不想接受宗教法庭的裁决，也不想被康德主义者组成的委员会所裁决。现在，法律裁决通常都是通过详观其他的判例和法律文本来作出的，而这些判例和法律文本本是源自法律系统。它不需要依赖宗教的或道德的经典，而仅仅靠自己体系就可以分辨合法与非法。

在法律系统内部，对杀人行为方面的判定也有诸多内在的差别：不同程度的故意杀人、过失杀人，不同种类的疏忽致他人死亡，等等。所有的这些差别都不是宗教性的或道德性的。在法庭上，犯过失杀人罪的人并不比故意杀人犯更邪恶，只不过是罪行较轻。虽然人们常常隐晦地谈论犯罪，犯罪或多或少都是恶的，但是法律也不会去评判其道德性质。罪行有一个严格的等级划分,罪行必须在法律范围内来定罪,而不是根据罪行所受到的道德谴责的高低来定罪。

或许另外一个更好说明的例子是偷窃。黑格尔批评康德以及他关于偷窃的绝对命令式的观念,我在第六章中有提到。在此,我将以另一种视角来看待这一问题。在康德看来,根据道德法则,偷窃是不道德的,因为没有人会期望偷窃的权利能够成为普遍的行为法则。然而,黑格尔则指出,偷窃的观念正好是建立在对什么构成了财产的偶然定义值上。[1] 只有财产才会成为偷窃的客体,但什么又是财产呢? 财产是不是仅仅限于物品,或者说土地是不是也可以看作财产? 其他的资源,如水和空气算不算作财产? 知识成果是不是? 或者是指广义上的私有财产? 按照法则偷窃私有财产比公共财产是更道德还是更不道德? 国有化是对个人的偷窃吗? 私有化是对公众的偷窃吗? 税收能否看作是从个人身上偷窃钱财? 逃税是不是在从公众中偷窃? 所有的这些问题都依赖于在社会和历史中依具体情况而形成的法律判例。不存在用来定义财产本质的普遍法则,因此,也不存在这样的法则来定义偷窃的道德和法律特征。在法律上被视为偷窃的客体不能从任何道德法则中推导出来。唯有使自己远离乌托邦式的道德绝对命令,法律才能应对各种案件。法律必须建构起内在的复杂体系,例如,确立对财产和偷窃的定义和范围作详细规定,这样才能处理现代社会发生的此类案件。一种以康德哲学方式处理这些情况的法律,其功效很低而过于初级。在当今社会的所有权方面,面对更复杂的问题时,它将无法实现法律意义上——而非道德的意义上——的公正。

---

[1] 这是我对黑格尔《精神现象学》"作为检验法则的理性"("Reason as Testing Laws")一节的解读。见黑格尔:《精神现象学》,米勒英译(牛津:牛津大学出版社,1977 年),第 256—262 页。

当然，这也不意味着在法律上是正义的东西在宗教或道德意义上就必然是正义的。我认为，这要比宗教、道德和法律正义是完全一致的状况要好得多。正义的多面性对社会是有益的，因为它容许更大的复杂性，而不是仅仅容许一种超验的正义。我想，使用任何宗教术语来定义法律体系中产生的正义的特征，就跟使用道德哲学术语或者一套具体的道德价值来定义法律体系中正义的特征一样，都是不可能的。简单地说，不许驾驶超速或者对驾驶时血液中酒精浓度有规定的法律规定，既不能从《圣经》也不能从康德那里推导出来。如果非要以此为依据，那只能是荒谬的。

在我们生活的社会中，法律不再主要受宗教或者道德信念的影响。法律容身于高度复杂的环境中。这个环境中，有很多其他的系统，包括经济、政治、大众传媒、医药、教育和科学。这些系统的运行都不是以道德的或伦理的方式来运行。然而，所有的这些系统都确实对法律产生了影响，反之亦然。法律必须使用其自身的术语，来思考在这些体系中所发生的事情。正如它在处理涉及财产（经济方面）的事务时，它也必须面对在其他体系中正在发生事情的偶然性和复杂性。它必须为选举程序、媒体、医药系统等作出规定。以比例代表制为基础的选举方案是否就比其他方案更道德？美国的选举比德国的选举更好还是更不好？诸如这样的所有问题都不能单纯化约成伦理道德范围内的问题。

一方面，法律系统必定会面对它所在环境中的诸社会系统。另一方面，其他系统也或多或少要依赖于法律，方能正常运转。这也显示出，法律并不是个道德问题。例如，政治家需要借助法律来使选举名正言顺而无须考虑其背后的道德品质如何。在加拿大很多认为混合式议会（mixed membership parliament）更加公正的人仍然在投票选举，即使这样的一个体系并不真正如其所是。企业通常都服从法律裁决，即便觉得这些裁决并不公平。任何其他系统都受益于法律决定的明晰性，也受益于其可变性。这些系统如果必须不断地质问其规则的道德有效性的话，那么这些系统将会变得负担过重。它们只需要遵循法律，以及试着改变它，如果它们想要这样的话。

　　有一个案例可以很好地说明法律的去道德化(demoralization)。20世纪70年代时，我还是一个10岁的德国孩子，喜欢看一个电视节目，名字是《法庭上的婚姻》(*Marriages at Court*)。这个节目是关于真实离婚案例的"严肃"纪录片，这个节目与现在的《法官某某》(*Judge So-and-So*)节目非常不同。其中再现了当时的法庭场景、法律评论与分析。这个节目之所以有趣，是因为德国法律在当时如其所是。在一场离婚案件中，法庭必须决定夫妻双方中的一方是"有罪的"(例如，因为出轨)。那个被判有罪的人通常不能要求获得多的经济补偿，所以这个是比较关键的。(记得有一点，无论谁出轨，我总是很同情夫妻中的男方，而从来不同情女方。我也曾记得听我父母以及亲戚谈及住我们小镇上离了婚的人，并听得饶有兴味，他们讲的内容大致是这样："她离婚了——罪有应得！"在那个时代，离婚还被社会视为非常显著的耻辱之事，更不用说是有罪一方的耻辱了。)这个节目在德国离婚法进行彻底改革后也不再播出了。貌似，主要是由于女性主义者的努力，旧的法律被非议颇多，常不公正，尤其是在当时既定的社会现实背景下，结了婚的女性就意味着要放弃她们的事业，从而在经济上变得依赖于其丈夫。如果一个妻子被判定是有罪的，那么这对她来说当然就意味着经济上无所着落，孩子的抚养权都会归于丈夫，因为她根本没有能力去抚养孩子。

　　但是旧有法律的主要问题并不是对于妇女的(或许是无意的)不公

平，而是在于将其中的一方判定为有罪的，这不是一个法律的判定，而更像是道德上的审判。而如果我们从非宗教的、去道德化的视角来看的话，不忠并不是罪，不忠（更不用说在各种案例中被双方律师所指出的其他的配偶缺点了）可能是过失或者恶，但是在现代法律的基础上很难将它认定为罪化。为证明夫妻双方的一方有罪、另一方无辜而提供法律的标准，已经变得越来越困难了。虽然以道德或宗教来判断的时候会容易得多，但是在一个非常复杂的亲密关系中，到底什么构成了有罪，又是什么是无辜的呢？法律意识到这涉及的问题是在其领域之外的。此后，德国对离婚法进行改革，一并废止了有罪/无辜的区分，所以现在法院在处理离婚经济纠纷和孩子抚养权问题时都不再使用这些有罪、无辜的词汇了。（当然，案件也会将某一方的不合法行为考虑在内，例如使用暴力。）

我想，德国离婚法的改革很清楚地表明，法律体系是如何将其自身从宗教信条中分离出来，也从道德评价中分离出来。道德判断或道德价值与法律标准不同，前者在法律事务中很容易阻碍后者的运行。原有的德国离婚法使法官过多地需要考虑道德问题，导致离婚双方的律师不得不在其辩词中引入道德谴责的内容。新的法律则认可了这样的事实，即法律体系已经不再与道德话语关涉，必须使用法律自身的标准，而不是假借于关于什么才是道德上的合理的模糊考虑。作为个体来说，我很高兴生活在这样的社会中，夫妻中不会有一方因为不忠的原因就将另一方对簿公堂。〔在美国，也有人们不愿意出现在电视节目中，像《杰瑞·斯普林格》（Jerry Springer）或者《背叛者》（Cheaters）都是，但这是关于伦理和大众媒体的那一章中所要谈及的问题。〕

为了阐明我所说的法律和道德的分离的含义，我举出一个相对应的例子，即体育运动中规则和道德的分离来说明。在体育运动中，公正的对等物就是"公平"①。我认为正如法律正义不应该与道德正义相等同一样,体育运动中的公平也与道德上的公平不可相提并论。例如,体育运动规则中的公平与罗尔斯所定义的道德公平就有很大差别。罗尔斯的模型简单来说,是以一假定的观念为基础,假定公平是一个社会地位不同的各成员在"无知之幕"(veil of ignorance)下所达成的协议或共识。在罗尔斯看来,这是可以为任何人所认同接受的规则,不论其社会身份如何。他们将必定会同意对社会所有成员都公平的规则,因为如果这些规则在此意义上是不公平的,那么所有人都将处在遭受不公平待遇的社会位置(如女性、残疾人,等等)上。罗尔斯的公平观念在很大程度上具有康德色彩,因为它假设了某个先验的或超验的公平的情境。罗尔斯的假设性公平是先于社会实际的。它是以某种(假设性的)基本共识为基础,而这个共识既是法律之前的,也是外在于法律的。具体的法律的制定,要按照来自罗尔斯关于"公平"的哲学定义的原则,而不是按照来自法律体系内部的原则。为了实现公平,法律和其他的规则必须与伦理学家所定义的伦理法则相一致。换言之,法律上公平的标准不是法律意义上的,而是一个要比法律本身更为基础的伦理标准。我认为,在我们的社会中,不论是法律公平(也即公正)抑或体育运动中的公平都不能以罗尔斯理论中所说的方式发挥其作用。而且,也不应当按照这样一种方式起作用。用维特根斯坦的话来说:如果我们在日常语言中使用了"公平"一词,那么我们的意思不是说一种先验公平。我们使用它,是在相对意义上说的。将某物称为公平,我们通常是在想,这虽不是绝对公平,但已经足够公平了。

---

① 尼古拉斯·卢曼:《政治家、诚信与政治之更强的非道德性》(Politicians, Honesty, and the Higher Amorality of Politics),载《理论、文化与社会》(*Theory, Culture and Society*)1994年第11期,第25—36页。

我用篮球运动的例子来描述我的观点。大多数人会同意，篮球运动的规则是相当公平的。事实上，每个参加这项运动的人，在一定程度上，都接受了这个规则的公平性。显然，如果一个运动员认为这些规则是不公平的，并拒绝接受犯规后的处罚，那么这个运动员参与这项运动的时间最终肯定不会长久。然而，如果说篮球规则的公平是罗尔斯意义上的公平，那就显得很荒谬。显然，考虑到无知之幕，人们很可能会对篮筐的高度表示质疑，因为篮筐的高度显然对高个子的人更有利。很多人在此标准的高度制定之前就显得受到了不公平的待遇。若在罗尔斯理论的意义上，以参赛队伍中每个运动员的平均身高为基础去计算制定篮筐的高度，才显得更为公平。

所有的运动项目都有规则，且如果按照罗尔斯的公平概念来说的话，基本都是不公平的。有的对高个子有利，有的对速度快的有利，有的则是对身体强壮的有利。事实上，在我看来，在运动项目中确立起一个单一的规则——此规则是公平的且与无知之幕一致，是相当困难的。虽然如此，公平在竞技体育中仍然是为人所认可的原则。断言这些被人所认为是公平的规则必须源自伦理的考虑，这显然是荒谬的。当然，正如我在本书中一直所强调的，我并不是说，体育规则是不符合伦理的或不道德的，正是因为它们是非道德化的、去伦理化的，它们才非常顺利地进行。我认为，体育运动永远不能以一个更基本的——如罗尔斯所说的——作为伦理法则的公平为基础来进行。体育运动中的公平观念是在体育系统中发展起来的。是体育系统本身孕育产生出了它自己的公平标准，它与特定的道德法则没有直接关联，二者之间也不存在因果关系。这些规则不能从罗尔斯、康德或者边沁、哈贝马斯的理论中得来。这使这些规则很有灵活性：它们可以更加丰富，可以改变，但是又仍然保持得非常稳定，受这些规则影响的绝大多数人都会欣然接受。

参加篮球比赛的人，没有人需要去关心篮球比赛的规则是否与某个既定的道德或宗教教义一致。我想，正是这一点使得打篮球比赛和看篮球比赛都充满了乐趣。反之，如果将其与道德或宗教混为一谈，其结果就可想而知了。

尼古拉斯·卢曼，以他特有的对于读者不友好的方式，创造了一个应变公式（contingency formula），来解释法律系统内正义观念的作用。也正是在与此相同的意义上，我认为，公平在体育运动中是应变公式。应变公式，是相当吊诡的事物。它必须是或然性的；* 也就是说，它是会不断变化的，而不是以任何的决定性的、不变的法则为基础。没有人可以对法律系统中的"正义"或者体育运动中的"公平"下一绝对定义。在不同的系统内公正是不同的，是由具体的系统来决定的，而且这种决定也是每天都在变的。今天是合法的东西，明天可能就成了不合法的东西，对于体育运动中的公平来说也同样如此。除了（或者吊诡地说，正是因为）应变公式的或然性本质之外，应变公式的作用是"使某种从外表看来很不自然的、偶然性的东西，从内在看起来却是相当的自然和必然"。在法律系统内，正义是理所当然被视为所有的法律程序都要朝向的目标："系统本身必须以这样一种方式来定义正义，以表明正义高于一切，该系统将其视为一种理念、法则或者价值。在系统内部对于应变公式的表达却是高度统一的，不会引起争议的。"①

就外在方面来说，具有哲学视角的观察者会发现，不论是法律的正义还是体育的公正，都不是来自某个并非或然性的（道德）法则。同时，他也可能会发现，此类的应变公式在这些系统中（通常）也不会引起争

---

* 或然性在本书中主要指涉的是应变性。

① 尼古拉斯·卢曼：《作为社会系统的法律》（*Law as a Social System*），Klaus A. Ziegert 译（牛津：牛津大学出版社，2005 年），第 445、214—215 页。

议。而被特别公认为公正和公平的东西虽然不断在变化，但这绝不会削弱——作为每个系统内部所确立起的具体规则之基础的——为人们所接受的正义或公平的观念。一部新法律或者篮球运动的一项新规定，很快就被人认为是正义的或者公平的，有时候甚至会被视为比先前的更为正义和公平。具体规则的或然性并不会导致人们对系统内正义和公平原则的不信任。反过来说，这就使公式的稳定性成为可能。我要说，正是应变公式的灵活性，尤其是这种去道德化的灵活性，使得它们更为持久。关于法律系统，卢曼说，公正"并不是因其作用而成为应变公式，而是因其是一种价值"。[①] 对于体育运动中的公平来说，亦然。很显然，无视应变公式的或然性，而将其认为是特定系统内的无争议性的价值，正是这一点使其应变公式正常发挥其作用。吊诡的是，对于运动员和裁判来说，他们反事实地（counterfactually）相信他们的行为是遵循着（道德的或者其他）价值，这却是有好处的。因为正是这一点保证了各个系统的非道德化运行。

我对道德和法律分离的论证，有一个观念作为基础，即法律系统已经足以自主地分辨什么是合法的与不合法的，因而也可以通过自身的交流过程而产生出关于正义的应变公式。关于法律日益增长的自主性之观念，以及将自身从其他的社会系统中分离开来的能力的观念，不应被误解为法律系统可以自行产生法律性的（如果不是道德的）普遍法则。有的作者认为，法律系统已经足够强大，可以产生出自身的（合法的或不合法的）法则，不需要依赖社会中的其他系统或者其外在环境（例如，道德话语）来提供给它基本的原则。然而，往往有人会认为这样的一种自主性并不是说要从其自身外部借来一套基础原则，而是说法

---

① 尼古拉斯·卢曼：《作为社会系统的法律》（*Law as a Social System*），Klaus A. Ziegert 译（牛津：牛津大学出版社，2005 年），第 460 页。

律可以产生，至少能够产生其自身的基础原则。当然这就意味着，虽然承认了法律系统的独立自主性，但是却否认了正义或公正是应变公式。如此一来，法律系统所确立的某些基本权利就正好成了像古老的宗教原则或者伦理原则中的基本原则。这些原则会成为法律原则，但是这样的原则却绝不能称为是或然性的，我们应当称之为绝对命令或者十诫。宗教的和道德的原则因而为法律原则所取代，也成了普遍有效的。在涉及人权问题的讨论时，这样的一种观点常常被人提起，不绝于耳。人权常常被描述为是与人类存在的尊严、内在紧密关联的。按照这种观点，这种权利被认为是法律原则，即一旦形成了，它们就是法律系统内部公正的基础。

　　根据我的阅读经验，关于人权的这种观点的一个代表人物是玛莎·努斯鲍姆（Martha Nussbaum）。她从女性主义的观点来看待人权，认为法律，尤其是人权法，是可以促成世界范围内性别平等，以及解除妇女困境的最重要工具。在一本很有趣的书中，她讨论了在宗教话语或习俗与女性权利之间特别大的冲突。①这些存在也将继续存在的很多宗教话语，为残害女性身体以及甚至在某些情况下可以杀死女性（关于这一点，有人会想到塔利班统治下的阿富汗）给出了正当理由。显然，在这种情况下就会出现两难的局面：如果有人以宗教自由权为基础，而认可这种做法，那么他同时也会对努斯鲍姆所说的个人的"基本人权"有所妥协。在有些情况下，一个群体对于宗教自由的主张可能会导致侵犯人权的行为。努斯鲍姆说，如果这种情况发生，那么必须给予个人的人权以优先性，因为这是更为基本的人权。她说："人权，与人所拥有的其他权利相比，人拥有人权不是因为这个人具有特殊的地位

---

① 玛莎·努斯鲍姆：《性与社会正义》（*Sex and Social Justice*）（纽约：牛津大学出版社，1998 年），第 87 页。

或者优先性、权力或者技术，相反，它是从人之为人的事实中而来。"①

我认为这种说法是很成问题的。我也不赞成对女性（或者其他人）身体的摧残或者杀戮，但是我不懂这样的行为如何就可以"从人之为人的事实"受法律上的谴责。站在道德愚人的角度上看，我并不明白人类本性如何就不会有杀戮或者摧残，或者其他残忍行为了。难道换一种说法就不行吗？我们可以说，仅仅从人之为人的意义上而来的人权允许了杀戮和摧残的存在，因为作为一项经验的事实，这种在人类历史中一向都在发生的事情，这种行为看起来也是人类本性的一个组成部分，如果有人相信其存在的话。我认为，单纯从人之为人的事实中是不能从中得到任何法律原则的。谁决定了哪一个法律裁决就必须从人之为人这一事实中得出呢？是努斯鲍姆，还是本·拉登？一个人如何宣称他明确知道哪一种人权是从这个事实中推绎出来的？我担心的是，像努斯鲍姆这样的观点会很容易导致法律原教旨主义，或者是导致"人权原教旨主义"，这是尼古拉斯·卢曼所创造的一个术语。② 如果将宗教或者伦理主张换成法律主张，如果有人声称这样的法律主张是普遍有效的，那就像宗教主张和伦理主张一样，其结果也是如此。根据人权原则与难以分割的宗教或道德价值观，战争很容易被合理化。而使得这些法则或价值之所以危险的事实在于，它们很可能被断言为普遍有效的东西或者最根本的东西。如果公正、公平或信念等应变公式的或然性被从根本上否定了，那么社会冲突就将发生。对于法律系统内的公正的或然性，是需要一定的无知（blindness）的。但是如果某人在法律

---

① 玛莎·努斯鲍姆：《性与社会正义》(*Sex and Social Justice*)（纽约：牛津大学出版社，1998 年），第 87 页。

② 尼古拉斯·卢曼：《社会的社会》(*Die Gesellschaft der Gesellschaft*)（Frankfurt/Main：Suhrkamp，1997 年），第 1022 页。

系统内承担某个角色，那么他就不用不断去质疑正义是否有价值，而只需要认定，这一系统是以某种方式在发挥公正的作用。然而，如果这种对于法律正义的质疑信念被极端化为一种法律上的原教旨主义，那么就会产生相反的结果。如果某些权利被认为是基础的或不容置疑的，那么应变公式的或然性就难以成立，而这反过来就很容易导致系统内部丧失应变性、灵活性，这使系统更易瓦解，制度更易失败。

此处，我同意理查德·罗蒂的观点，反对人权原教旨主义者试图以想当然的普遍原则（从诸如人性之类的本来就成问题的观念中得来的普遍原则）为基础，对什么是公正的、正确的、合法的进行定义，却不考虑这些原则究竟是源自宗教的、道德的，还是法律的。罗蒂主张，所谓的从根本上证明人权合法性的能力，已经变得过时且无甚意义。[①] 事实上，我们并不需要任何人性之类的观念为基础来从法律上谴责诸如谋杀或者种族灭绝之类的行为。法律制度或法律系统也不需要依赖对于人的特别定义，以此来区分什么是合法的，什么是不合法的。当今的法律惯例将种族灭绝视为战争罪，以此指控犯下此罪的人。与公正一样，如果人们相信这是在人权的基础上发生的，只要他们没有从实际上主张有一个关于这些人权是什么的基础性定义和普遍性理解，那就没有什么问题。对罗蒂（和我）来说，任何关于法律论述的基础性主张都对于提出一个功能性的法律系统无益，相反，这在现实中可能起到阻碍作用，甚至是很危险的。如果公正和人权是被默认为是一个应变公式，那么此制度或系统便可以以相对来说更为安全的方式运行，反之则

---

① 理查德·罗蒂：《人权、理性与情感》，载《论人权：牛津国际特赦组织讲座，1993》（*On Human Rights: The Oxford Amnesty Lectures*, 1993），斯蒂芬·舒特（Stephen Shute）、苏珊·赫尔利（Susan Hurley）主编（纽约：Basic Books，1993 年）。

不然。

法律和道德的分离，是法律有能力将其自身建设为一种自我生成的、自我构成的制度系统的必然结果。我看不到有任何经验性的证据表明法律和道德的分离会产生更多问题或者危害俱加，法律与道德的分离要比过去时宗教、道德和法律价值的统一更好。现实是，到目前为止看来，道德和法律的分离对牵涉的多方来说效果良好。

第九章

道德与公民权利

　　我要对方岚生表示感谢，他对我关于道德和法律相关问题的非道德性的辩护提出了质疑。方岚生承认，伦理话语可能是危险的，且常相当骇人听闻，例如伊拉克的战争、莱文斯基的丑闻，或者做流产手术的医生被谋杀，等等。但是他说道德话语也大有裨益，例如那些关于公民权利运动的道德话语。他指出，伦理话语与道德诉求带来的益处会大于伦理道德被滥用的风险。我在导言部分中对道德滥用的看法作了评述，所以此处不会再重复说明。但是，我会在这一章中详细谈论关于伦理道德和公民权利的问题。但必须说明方岚生的观点有很多值得赞赏的地方。

　　我对方岚生质疑的回应，和我在上一章中所论证的观点一致。我认为，伦理道德是公民权利运动的一个重要方面，这一观点可能在历史上来说是正确的，但是社会已经发展到了不需要用伦理道德话语再去为权利作斗争的时候。相反，我认为公民权利运动已经超出了伦理立场，并在很大程度上，将道德和法律分离了。这些运动也从道德与法律的分离中获益良多，因为这一点，公民权利运动也变得越来越成功了。

"公民权利运动"这个词给了我们一个提示：是公民权利运动，而不是"公民伦理运动"。它们的重心是在权利，而非道德。

按照尼古拉斯·卢曼的观点，我认为"功能分化"是当今社会最重要的结构性特征。在全球化世界中，社会不再是主要根据地域或者等级差别（尽管这种差别仍然存在）作分化了，而是分化了不同的功能系统。很多情况下，我们在社会上是什么，取决于我们在这些功能系统中所扮演的角色：在教育系统中我们是学生，在医疗系统中我们是病人，在家中我们是丈夫，在议会里我们是在野党，在法庭上我们是被告，或者在商店中是顾客。我们如何与人交流，我们说什么，在社会上做什么，不是由我们住在哪决定，也不是由我们所出生的家庭决定，更多地是由我们所在时空的各种功能体系决定的。例如，在大学里，我们是按照在教育与科学系统中确立起来的交往形式来交往的。我们编写试卷，阅卷打分，撰写论文，为学生排忧解难、写推荐信等。在法庭上，我们必须按在法律体系中的交流方式去交流。如果我们不这样做，我们在相关体系中就无法得到严肃认真的对待。我们不应在法庭上表达我们的爱、讨价还价或者如何给出政治性的陈词。在不同形式的社会分化下，我们的家庭地位、我们的出生地，可能在法庭上要比其他衡量标准显得更重要。如今，这些东西仍然在起作用，但是一个人只有按照各种不同的社会功能系统中的交往模式去交往，他才能做到有效的沟通。故而可以说，功能分化构成了当今社会。

但看起来，并不存在一个兼容教育系统、政治系统、经济系统或者法律系统的道德系统。显然，道德交流在所有的系统中都会时不时地在起作用，尤其是政治系统，但是没有任何系统是靠善/恶的法则为基础来运转。例如，就法律系统而言，合法/不合法的法则就不是道德的判分，而是法律的判分。

公民权利运动也服从于功能分化，而且它们似乎已经成了搅动历史的潮流，并在现行的社会框架下相当雷厉风行地蓬勃发展起来。它们明白，为了达到这个目的，就不能单纯希冀仅求得道德上的认可（再次申明在社会中不存在道德系统），而是要在法律系统中诉诸特定的权利，要追求政治权利，要在教育或者医疗体系中安插自己的势力。回头看，公民权利运动可能聚焦于道德的认可上，但是很显然，对这种认可的寻求，比如说相较希冀社会达成一种共识——例如，黑人或者同性恋者并不就代表这是恶的，相较道德上的接纳，法律权利、政治权力以及教育权利对这些群体来说更重要。在我看来，非裔美国人和男女同性恋者、妇女、移民者似乎都已不再对于道德上的认可感兴趣。例如，很多同性恋者和非裔美国人都认为不应当从道德的角度来看待他们，而是应当从非道德化角度来看待。他们对别人如何看待他们的道德状况不关心，而是关心他们是否与其他人拥有相同的权利。

实际上，要求获得某种权利、权力和进入公共机构，不仅比道德认可更重要，而且也更为切实。你如何能让每个人都认为同性恋者或非裔美国人在道德上是好的？这是一件极难做到的事情。相对来说，赋予妇女以选举权、给予同性婚姻以合法地位、允许非裔美国人上大学，都要比获得道德上的认可更为容易，也更与功能分化相和。要求获得这些权利的斗争已经被证明是相当有效的，因为它们与现存的社会结构一致。道德斗争更难做到，也难以获得任何具体的社会结果。或许，以道德交流开启公民权利的斗争在历史上来说对公民权利运动很重要，但是如果想要在当今社会上取得成功，公民权利运动的策略就必须超越道德。公民权利运动必须适应现在道德和法律分离的状况，适应道德和其他功能系统分开的状况。

妇女、非裔美国人以及同性恋者的公民权利运动相对来说已经成功了。当然，他们并未获得完全的平等，但是他们的诸多诉求已经实现了。在许多国家，妇女可以参与选举；在美国，非裔美国人可以上任何一所大学；在加拿大，同性恋者可以结婚。我认为诸如反战、反全球化和环境保护运动之类的抗议运动，与公民权利运动相比还是有很大的不同。出于很多理由，我认为，这种不同在于，这些抗议运动没有公民权利运动发展得迅速。这些运动没有公民权利运动成功，因为它们的阵地尚未能从道德话语转向其他——比如，转向法律话语阵地。

反战运动，比如反对发生在越南和伊拉克的那些冲突的运动，已经被道德辩论主导。大多数的抗议者都将这些战争视为不道德的。当然，这种抗议反映了政治领袖的道德辩论才能。但并不是尼克松想要获得充满荣耀的和平，越南战争就可以终止的。托尼·布莱尔一再强调反对伊拉克政权战争的道德必然性。但是有很多抗议者指出，第二次海湾战争不仅不道德，而且也不合法，在我看来，这一看法没有像出自道德角度的论证那样受到更多人的重视和关注。没有人要求对法律作出改变，至少在我关注到的地方都没有丝毫改变。我认为，这和上面所谈的公民权利运动大不相同。但我不是在说，道德上的反战运动既无效又落后。它们不能要求法律的改变，是因为战争首先就不是一个法律问题。战争的问题是其与法律体系之间的关系疏远，法律体系还没有发展出有效的对战争发挥作用的能力。有些法律可以适用于处理武装冲突，但是对实际战争却无能为力。军事和政治领导人作出战争决策时并不需要顾忌法律后果。战争看起来倒是与经济以及大众传媒有着更密切的关联。美国军队和政府更担心媒体对战争的报道，而不是更担心法律对战争作出的反应。战争不需要法律或者(联合国)政治授权就可发动，但是却不能没有媒体的声援，在北美尤其如此。冲突的成败与否，看起来与大众传媒的关系更紧密，而不是和法律系统。(这是我在第十一章和第十二章中要论述的问题。)

反全球化和环境保护运动这二者与反战运动一样,都有道德主义的倾向。它们尚未成熟。至少反全球化运动所提出的那些要求还不具体:反对资本主义和跨国公司,其目的是为了贫困者和一个更公平正义的世界。可能还有很多法律的要求或者功能性要求,但是这些要求却被整体上的道德主义修辞所遮盖。对这个运动来说,"公平""正义"这些词的伦理诉求看起来太过强烈,使它不能将要求集中于可以为社会实现的要求上。

环境保护运动已经取得了很多进步,取得了某些和公民权利运动一样的效果。具体的法律、政治和经济诉求被越来越多地提及。还有呼吁签订政治条约,并规定排放标准的规划。有的国家已经提出要对污染进行税务方面的处罚。但是,"绿色"的标签还是太模糊,往往代表的就是对社会在道德上的自我控诉:我们已经毁坏了子孙后代的地球;我们过的是不节制的生活;我们已经和自然失去了联系;我们需要改变我们的环保意识;耶稣会驾驶 SUV 汽车吗? 这样的伦理诉求在环境保护主义者中是相当普遍的。在这场运动中,仍然是过于关注环境伦理学,而对更富功能性的要求则有些忽略。

我强调,我并不认为以上所有的运动都在道德上是正确的或者错误的。我不知道发生在伊拉克的战争在道德上是否正义,也对这个问题没有兴趣。在道德立场上讨论战争是没有意义的。但是,我认为发动这场战争是不合法的。同样,我也不关心妇女权利的道德问题,我在自己现在所生活的国家也不能对省级或联邦级选举进行投票(因为我不是爱尔兰公民*),所以我不关心。我也不认为这是不道德的或者不

---

* 作者是德国公民,曾在爱尔兰任教。

公平的。我不确定,投票是否为一项人类权利。在爱尔兰,妇女投票选举是合法的,这显然有助于政治体系和整个社会的稳定。在法律的意义上说,否认妇女的投票权,就绝对是不公正的——除非她尚未满18岁,若如此她的投票权就是不合法的。我不知道如何在道德上论证为何一个17岁大的人就不能参加投票(或者一个公民可以参加,而一位永久性居民就不能参加)。但这就是法律,法律系统和政治系统都是按照这种方式在良好地发挥其作用。我不认为关于战争、投票权、少数族裔与性小众群体的待遇以及环境的这些问题就是道德问题,我也不认为在处理这些问题时采用伦理道德方法就会更有效。在我看来,妇女应当享有做流产手术的权利,但是这一观点并不是从道德法则中推导出来的。我更愿意做一个道德上的愚人,我不会说妇女是否具有这样做的道德权利,也不会说这项权利因此就是不是从伦理法则中推导出来的。我不会介入关于流产的道德合理性的争论,但是我会在法律的立场上为此辩护。

我认为,对妇女来说,妇女拥有关于她们身体的特定权利,是足够公平的(就像篮球场上的规则是足够公平的)。在大多数但非全部国家,法律系统是自主运转的,流产在很多条件下已经合法化,且常常是回应了妇女权利的诉求。在激烈反对流产的国家(如波兰),法律系统似乎对来自宗教的怒火非常敏感,而这反过来会降低某些公民权利运动(妇女运动、同性恋运动,等等)成功的可能性。

如果法律系统与其他系统(宗教系统,但也可考虑政治系统或者经济系统)紧密相连,那么公民权利运动将面临更大的困难。正如道德话语和道德论证在有些情况下会有助于公民权利运动进行一样,道德话语对法律系统的影响也同样可能(或许更可能)是其障碍。这完全取决于道德上的大多数站在哪儿——特别是公民权利运动只代表了少数人的呼声。在美国许多州,人们都会有宗教信仰或者其他信念,这使得他们认为同性婚姻是不道德的。因为在这些州中,法律缺乏独立性,使同性婚姻合法化的民权倡议没有成功。到目前为止*,每个对同性婚姻进行公民投票的州都已经否决了这项权利。只有在法律机构足够自主独立地进行法律决策——而不受道德的大多数所干涉——的地方,这项权利才被允许。在我看来,很明显,公民权利运动取得成功和道德话语的使用二者之间没有相互联系。道德话语可以用来论证特定的公民权利,但也同样可以用来反对这些权利。在有的情况下,公民权利运动从道德论证中获益了;而在有的情况下,则不然。但是,不论是哪种情况,这种运动从法律中获益的东西也要比道德上的认可要多,同样,这种运动的目的是特定的法律权利,其所争取到的法律权利也要比道德认可要多。当然,法律权利的取得同样也会使特定群体在道德上更多地被接受,但是如果是这样,这也仅仅是再一次证明了,这些群体如果将公民权利运动的注意力更多地集中在法律而非伦理道德上,那么他们将会取得更好的结果。

　　我支持我的假设,即道德话语或者广义上的伦理学,是公民权利运动不可靠、不确定的盟友。这点通过认真考察公民权利运动在北美的历史前身,即发生在 19 世纪的废奴运动,以及它的姊妹运动——禁酒运动,即可得知。

　　首先,在我看来,要指出这些历史运动与距离我们更近的公民权利运动之间,最重要的差别是什么。废奴和禁酒仅仅主要是为了反对某种事物而运动;它们侧重的是更大范围的终止或禁止,而今天的运动则主要是为了追求某种事物而运动。当然,我知道任何的反对都对应着

---

* 该书英文版出版时间为 2009 年。

一个追求（反对奴隶制就是在主张自由，反对酗酒就是在主张节制饮酒）。但是我认为强调这点很重要，正因这些群体的自我命名清楚说明了重点所在。废奴和禁酒都要求法律禁止某些东西，而今天大多数当代公民权利运动则是要求新的权利——即使是那些想要废止特定权利的运动，例如反流产者都想要给予自己一种正面意义的命名。

我认为，还有一点也很重要，废奴和禁酒运动都主要是由白人主导的运动，并深深根植于各种各样的宗教（主要是新教）原教旨主义。二者都依赖宗教的、道德的论证来提出法律诉求，而这些诉求，我敢说，主要是白人提出来的，主要服务于白人同胞。尤其是对废奴运动来说，这种情况更值得引人注意。如果我对废奴运动历史的理解没错的话，那么它的内容主要是某些白人要求其他的白人不要再做一些事情（如蓄奴），因为这是不道德的，在宗教上会被人指责，因此，要在法律上废除。（对于禁酒运动来说，也可以这样理解。）废奴的首要目标是废止蓄奴的行为以及终止白人奴隶主拥有奴隶的权利。看起来，对这一诉求的积极意义的考量是给予非裔美国人以平等权利，等等，但这仅仅处于次要地位。是的，有很多论述都涉及奴隶的悲惨命运以及要解放他们，还他们自由。但是，其主要还是针对奴隶主而言的。这种道德修辞更多关注的是要让那些奴隶主忏悔，而不是要揭示出黑人应当享有和白人一样的权利。在这个意义上，废奴是次要的，如果有这层意义的话，废奴也仅仅在次要意义上才是一场反种族歧视运动；它更主要是一场反对罪人（sinners）的道德和宗教运动（禁酒运动也是如此）。

虽然大多数历史学家都同意，奴隶制仅仅是导致美国内战爆发的众多原因之一，但是显然，这却是其中最道德化的、最宗教化的因素。它使得北方可以在道德和宗教上宣称优越于南方。（白种的）南方人被指控为邪恶的罪人，因此应当剥夺他们的一项权利，而这项权利在南方白人看来正是对他们的生活和社会身份都至关重要的东西。南方白人也同样认定上帝保佑他们，道德也是站在他们这一方的。1832 年，托马斯·罗德里克·迪尤(Thomas Roderick Dew)，他是威廉与玛丽学院(William and Mary)的历史学、形而上学、政治法学的教授，他说道："奴隶制是由神圣的权威所建立和授权的，即使是上帝的选民，这个令人瞩目的国家的创建者，上帝所选的仆人，都是成百上千奴隶的主人。"①

南北对垒的内战爆发，其中的一个主要原因是南方人不想放弃他们特有的制度，不想他们拥有奴隶的特权被剥夺。对这种权利和行为的废除，而非准许某种权利和行为，才是双方主要关心的事情，因而针对废奴的冲突就主要不在于黑人的公民权利，而是在于南北方两类白人道德和宗教的(因而也是法律与经济的)差异。

站在今天的视角来看，有人会反对说，奴隶制的废除是个好事，通过北方的胜利，非裔美国人获得了一项非常重要的人权，即自由的权利。如果这样说的话，确实可以说，这场冲突中道德和宗教话语的参与促进了法律的进步。(当然，如果南方取得了胜利，情况就完全不同了，但是在道德和宗教上进行鼓吹的局面依然不会改变。)即使(白人)对道德和宗教问题的强调，法律也没比奴隶制废除更进一步。一旦有罪的人(南方人)被剥夺了他们的权利，一旦美国的白人在道德和宗教上净化了自身，(对黑人来说)积极采用法律措施就显得无足轻重。是的，黑人确实有了自由，但是没有更多了。因为废奴的斗争(主要)是一场白

---

① 载尼尔森·布莱克(Nelson Manfred Blake)：《美国生活与思想的历史》(A History of American Life and Thought)(纽约：McGraw-Hill，1963 年)，第 124 页。(托马斯·罗德里克·迪尤是奴隶制的拥护者，1832 年，他变得非常有名，即是缘于他 1831 年所发表的《关于弗吉尼亚法案争议的评论》一文，此文在 1852 年重印，被收录在一部由美国南方作家论述组成的论文集《支持奴隶制的讨论》，获得更为广泛的流传。——译注)

人之间的道德和宗教斗争，为黑人争取权利的法律斗争只处于次要的地位，最终结果也不过是合法废除奴隶制。废奴运动要比禁酒更成功，对法律更有影响，但是我认为这两个运动都是以道德和宗教话语为基础，因而并不能真正地促进公正。（当然，我在此处使用这个词，是在应变公式的意义上来说的。）虽然废奴确立并最终使得不公正被废除，但是它未能建立起公正的法律标准。

20世纪的黑人公民权利运动，才真正切实地提高了非裔美国人的积极意义上的法律地位。20世纪50年代和60年代的公民权利运动充分运用了道德和宗教话语（像在美国这样高度道德化和宗教化的社会中，这是不可避免的），但是更普遍的则是对法律的强调。这场运动关心的是具体的权利，如关于公共交通、午餐便餐馆、学校与大学、职业生涯和政治权力等。这次公民权利运动不是出于白人对道德和宗教的自我净化而发起的，而起因于黑人对他们理应得到的权利的关注。

虽然我认为19世纪的废奴运动和20世纪（正在进行的）非裔美国人的公民权利运动表明，道德（宗教）在一定程度上可以帮助或者甚至是促进法律的变革，但是公民权利运动仍然必须赶快将道德和宗教化论证远远抛在脑后，这样，才能在当今社会情势下实现公民权利运动的法律目标。伦理沟通有时可以促进公民权利，但是也同样可以用来阻碍和反对公民权利事业。对我来说，非裔美国人现在对于社会功能系统，比如与法律、经济、政治、教育和医疗系统有关的问题更感兴趣，而不仅仅对理想化的、很语义化、修辞化的问题——比如，道德更感兴趣。如果非裔美国人的公民权利运动能够超越废奴运动，那么这肯定是因为它比废奴运动的道德色彩更淡。

第十章

如何作出死亡判决

　　我并不会因为某种法则而不反对死刑,但是我之所以不反对死刑,当然也并不是因为基本的道德(或宗教)信念,因为我缺乏这样的信念。我认为在历史上,死刑确实起到了某种社会效果。出于种种原因,早先的社会尚未建立起一套成熟的方式处理犯罪问题的法律体系,且往往也没有监狱这样的机构来作为惩罚的主要场所。这样的社会(如古代中国)主要依靠的是肉刑(corporal punishment),包括笞、杖之类的鞭打之刑,使身体残缺的黥、劓之刑,以及死刑。我当然会喜欢生活在一个从来不用担心遭受这种刑罚的社会。但是考虑到历史与社会条件的可变性,我认为很难谴责这种文明,视之为本质上是不道德的,或者说这种文明主要是不道德的。

　　在某种条件下,我认为可以称为法律管辖之外的死刑的东西即使对今天的社会来说,也是合宜的。比如1989年的罗马尼亚革命,齐奥塞斯库(Ceausescus)之死,并不是通过相应的法律程序①,但他被处死

---

① 尽管存在着某种临时的特别法庭,却与当今法律标准并不相符。

在当时看起来却是正确的事情(在社会上和政治上来说是如此,但不一定在法律上或者道德上是正确的)。假设当年刺杀希特勒的军事政变成功,那么我的祖国很可能就不用遭受纳粹的蹂躏,集中营也可以早点关闭掉。当我听说同住狱友杀死了在监狱中的杰弗瑞·达莫*(Jeffrey Dahmer)时,我也没有感到哀伤。要始终保持道德愚人的态度,是非常难的。但是,我仍然认为,法律系统,应该尽可能地避免陷入道德情感以及法律之外的杀戮。只有当法律系统接近道德愚痴(moral foolishness)的态度时,它才能运行至最好。

在这一章中,我会强烈反对死刑,但不是出于道德的理由,也不是出于某种法则。相反,我试图举出非道德的(或去道德化的)、反道德的事例,以反驳当今美国所施行的披着法律外衣的伪死刑。① 事实上,我想要揭示的是,道德是罪魁祸首,它应当为美国式死刑的存在——且以意识形态和哲学为死刑辩护——负责,同时,也应当为很多与之有关的法律问题负责,尤其是那些已经让人瞠目结舌的冤假错案。我认为有一点必须予以强调,在美国现行的对于死刑的道德(和宗教)谴责并不合适;而且在我看来,这种谴责对于死刑能否废除也丝毫不起作用。道德不是伪死刑的解决方案,相反,它正是伪死刑存在的症结所在。

接着我在前面两章的论证往下说,我会给出一个负面的具体事例以证明,当道德强加于法律之上时的破坏性后果,可以说,当法律被道德病菌感染时,便失去了其功能上的独立自主性。具体来说,我希望通

---

* 杰弗瑞·达莫,美国连环杀手。20世纪80年代至90年代期间,他一共谋杀了17人,大多为非裔黑人和拉丁裔。1994年,达莫在威斯康星州的哥伦比亚行为矫正中心服刑期间被一黑人囚犯杀死。

① 我不是单把美国挑出来,将其作为仍然实施死刑的状况最坏的国家。我只是在这方面对于其他国家的情况不了解,因而我也不知道我对美国这一情况的研究和分析是否也适用于其他国家,或者在何种程度上适用。

过关于美国死刑的实施这一例子,来揭示当犯罪者被认为是邪恶的,而不仅仅是罪犯时,会发生什么样的事情。当法律正义被扭曲成道德正义时,会发生什么,这是我希望能够予以澄清的。

瞥一下世界范围内的死刑历史,会发现很有意思。1985 年,大多数国家,当时有 176 个国家,其中的 130 个国家都保留着死刑。这一比例在此后急剧下降。短短 16 年过后,在 195 个国家中,只有 86 个国家仍然还有死刑。[1] 我认为这种变化的主要原因不是因为全球道德的提升,或者对于公认的人权的普遍有效性的理解。毕竟,仍然存有死刑的大多数国家(包括美国)都表示自己对于人权以及道德法则(伊朗)高度尊重,且正如我要揭示的,有时候,它们甚至指出死刑就是一项人权![2] 相反,我认为死刑在很多国家中的取消,可以将其描述为法律系统从道德、政治以及宗教的统治下解脱出来的一个效应。上面所说的数据已充分表明,随着法律功能划分的加剧,死刑越来越被视为一种不合法的惩罚形式。正如其他的功能系统不再将价值区分等同于道德区

---

[1] 见"附录 B:国家死刑政策的报道频率,1980—2001 年",载富兰克林·齐姆林(Franklin E. Zimring):《美国死刑的悖论》(*The Contradictions of American Capital Punishment*)(牛津:牛津大学出版社,2003 年)。(此书已有高维俭所译的 2008 年上海三联书店出版的中译本。——译注)

[2] 几乎与所有的基本人权一样,不论是历时性来看还是共时性来看,关于人的生命权各国并没有达成共识。1950 年通过的《欧洲人权公约》,明确宣称生命死刑与人权是一致的。但是 1982 年对此公约的修订中则要求废除死刑(齐姆林:《美国死刑的悖论》,第 28—29 页)。在欧洲,死刑的废除通常被视为人权被接受的结果,但这很难说是(常常无效的、在法律上含混的)人权宣言的影响。我将证明,与其说欧洲近期的认为死刑违反人权的说法是死刑在实际上被废除的原因,不如说其真正原因是死刑实践与功能细分的法律之间日益增长的矛盾,这种矛盾导致很多欧洲国家对死刑在事实上的废除或显性的明确废除。在我看来,这一历史趋势是最近欧洲国家将死刑确定为违反人权的原因。并不存在一种客观的人权而能使死刑天然地不合法,人权话语的普及使得关于废除死刑的辩护变得更容易了。当死刑被社会所淘汰,那么人权话语就自然派上了用场。故而人权与死刑相冲突并不是导致死刑废除的原因,而是这一全球趋势的重要副作用。

分，法律系统也必须在很大程度上将其自身从道德话语中抽离出来。其结果显而易见：当差生和在野党政客不被视为坏人的时候，他们就被视为后进生或者竞选失败者，他们可能成绩不好，他们所在的位置可能没有多大权力，但是他们不该就被打杀——他们不应因此而遭受人身攻击甚至体罚。道德判断则是针对一个人整体的，包括其身体存在。因而这个人，包括其身体，都成了惩罚的对象。如果一个差生因为成绩差而被视为有罪的，那么打他自然就显得理所当然。如果在野党政客被视为恶的（或者反叛性的），那么，看起来只有将他驱逐出境才是合适的。① 肉刑（体刑）之所以存在，就是因为一个人不仅仅被视为差生或者坏政客，而且被认为从根本上就是有缺陷的或者是罪恶的。然而，如果一个系统忽略与该系统的功能无关的个体存在（例如，身体存在）的那些方面，那就很可能发展出更少针对个人的、更少道德审判的、更少针对身体的，但是却更具有功能性的处罚——低分就是低分，无关其他。分数与一个人的整体无关，它仅仅与这个人作为学生有关。从功能的视角来看，差生仅仅是一个差生。而从道德的视角来看，差生是坏人，他有恶性（诸如懒惰、顽固、不可教养的品质）。当学生被给予道德的评价，而非功能性的评价时，那么体罚自然便成为一种选择了。在缺乏成熟的功能分化的古代社会中，学生就往往会遭受体罚。

当今时代的功能系统不要求对一个人整体及其身体生命作总体性的惩罚。功能系统依其具体功能将个体视为学生、教授、候选者、选民或者消费者；如果他们确实做了坏事，并不将他们视为必须全部摧毁的存在，而是根据你所处的系统功能（例如，如果你工作做得不好，你被炒鱿鱼；如果你跑得太慢了，就会输掉比赛。）来对个体进行处罚，但却不

---

① 参看此章关于康德的讨论。

对其身体的存在进行惩罚。之所以如此,是因为人类身体的存在并不是功能判断要考虑的因素。当然,人们必须活着才能成为一个学生、消费者或者选民,但是任何一个系统都不能以其特殊的方式对人们活着这一赤裸裸事实负责,没有任何理由或借口,可以使系统与掠夺人的生命相联系起来。功能系统与人的生命没有关系。但是,法律制裁当然可以严厉,可以包含监禁,因而对个人自由和社会存在强加限制,法律制裁在社会中具有高度的功能区分,但这不是指各种肉刑的区分,而且也不将人从这个社会中驱逐出去。在这样的社会里,囚犯也不应当遭受毒打,仍然允许他们(虽然是以有限制的方式)看电视、接受教育,以及践履其宗教信仰,拥有个人财产,以及接受医疗护理;他们甚至还拥有一些法律的、政治的权利。他们仍然可以参与大众媒体的传播交流,参与教育、宗教、经济、医疗、亲密关系以及法律等社会系统。社会系统所施加的消极惩罚可以是严苛的(如监禁、炒鱿鱼或者不予以毕业),从而限制其在其他社会系统中成功的机会(如果一个人未获得高中学历,那么想要赚到很多钱是相当困难的),但是他们也仅仅在社会上受打击。

从高度的去道德化的意义上来看,如果一种系统的惩罚是将一个人从社会中驱逐出去了,这显然是很残酷的,也是不寻常的。一方面,说它不寻常,是因为这不符合社会系统用以发挥其作用的任何准则。另一方面,说它残酷,是因为这种惩罚是一种纯粹的摧毁身体的暴力行为。或许,将某人合法地处死在道德上是正确的(正如很多支持死刑的人所言)。但是,这仍然丝毫无损于其残酷。我不知道残酷是道德的还是不道德的。但是我知道杀死一个本来不想死的人是残酷的。虽然很可能,那些杀死齐奥塞斯库的人是在做"正确的"事情,但是我肯定他们正是以残酷的方式在行动。当然,也可能在某种条件下,以残酷的、不寻常的方式（如杀死其他人）行为，是比较合适的，也更为切合实际。然而，我们看到美国宪法中写道，这样的情况在法律体系内应当避免发生。

笔者以为，死刑执行率的下降，可以从日益增强的功能区分的背景中得到合理解释。一旦犯罪者不再被视为恶徒，而将聚焦点转移至他们违法行为这一点上，那么肉刑，尤其是作为其极端形式的死刑，就变得越来越孤立无援。那些法律系统尚未从宗教、道德或者政治统治中脱离出来的国家，会比其他拥有一个更为世俗化的、相对去道德化的、功能独立化的法律系统的国家更倾向于使用死刑。美国则是西方世界中的一个特例。虽然体罚对于很多罪行来说都是不合法的（关塔那摩监狱似乎是个例外），但死刑却被广泛应用，而且，正如我要揭示的，死刑的实施，大多是出于道德的（部分是出于宗教和政治的）原因。废止轻微的体罚，却保留了以极端形式存在的肉刑，这在我看来，是美国法律实践中存在的显明的、非常愚蠢的悖论，这也是其法律陈旧（或许我应该说是原始）的一个明证。

如果说执行死刑的国家数量的减少，确实是国际范围内日益增强的功能区分的一个效应，那么这就是一个关于完全去道德化的、纯粹结构性的社会发展如何促进了在立法问题上法律与道德分离的示例。死刑的广泛废除不是由于任何法律制定者的道德水平的提高，而是因为社会发展，是社会发展导致了各种社会系统的去道德化（demoralization），包括法律以及作为其分支的立法问题的去道德化。

在这一章中，我讨论仍然过度道德化的法律系统在审判方面的问题。为揭示这一点，我首先考察在美国关于死刑的哲学和意识形态层面的辩护。然后再考察审判程序是以何种方式在这些辩护的基础上浸染了道德的色彩。最后，我要考察的是它是如何影响死刑判决的。

在研究为何美国人一直以来主张死刑长达五十多年的原因时，菲比·埃尔斯沃斯(Phoebe C. Ellsworth)和萨缪尔·格罗斯(Samuel Gross)提出了以下几点：威慑(deterrence)、报复(retribution)、成本(cost)、剥夺再犯能力(incapacitation)以及情感(emotion)(例如，某种通过死刑达到情感治愈)。这其中，只有两个(报复和情感)是道德化的，下文我将仔细论述。而其他三个原因则是实用性的，也都是没有根据的。经验主义的研究已经表明，美国的死刑并不具有显著的威慑作用。威廉·贝利(William C. Bailey)和鲁斯·皮特森(Ruth D. Peterson)总结道："在过去的十年中，比较研究的成果是非常一致的，与主张死刑有威慑作用的论点相悖……对于保留死刑和废除死刑的研究也揭示出，死刑对谋杀并无显著威慑作用。"甚至在知识分子中支持死刑的强硬派欧内斯特·范·登·哈格(Ernest van den Haag)也承认"尚未有足够数据证明死刑是否比其他的惩罚更能威慑到谋杀行为"。与其他的支持死刑的哲学家一致，范·登·哈格不久也承认威慑并不是他支持死刑的原因，因而威慑与伦理无关："我只是出于正义的理由而支持死刑。"普遍的以威慑为理由而论证死刑必要的观点很容易反驳。甚至对于死刑的理论辩护也与威慑无关。成本是另一个普遍但同样具有争议的关于死刑的使用论证："审判死刑案件要远比审判其他的犯罪案件的花费更为昂贵，比不允许保释的终身监禁还要昂贵。"[1]虽

---

[1] 菲比·埃尔斯沃斯和萨缪尔·格罗斯：《态度的硬化：美国人对于死刑的观念》，载《美国的死刑：当前的争论》(*The Death Penalty in America: Current Controversies*)，雨果·亚当·拜多(Hugo Adam Bedau)主编(纽约：牛津大学出版社，1997年)，第90—115页。威廉·贝利与鲁斯·皮特森：《谋杀、死刑与威慑：一个关于文学的评述》(Murder, Capital Punishment, and Deterrence: A Review of the Literature)，载《美国的死刑》，第138页。欧内斯特·范·登·哈格：《死刑再临》(The Death Penalty Once More)，载《美国的死刑》，第449—450页。理查德·迪特尔(Richard C. Dieter)：《数以百万级的浪费：政治家关于死刑高成本所未说的》(Millions Misspent: What Politicians Don't Say about the High Costs of the Death Penalty)，载《美国的死刑》，第402页。

然从经济角度论证死刑的可能在其他国家和社会（很可能仍然）有效，但这并不符合美国法律实践的背景。如果一个美国人说他支持死刑是因为这样可以节省纳税人的钱的话，那么这个人就是不了解真实情况。剥夺再犯能力的论证也明显有漏洞，因此，这种论证也不被死刑哲学家认真对待。通过监禁或者其他方式就可以防止人的犯罪。

其余的两个论证，报复和情感治愈，本质上都是道德的。事实上，从情感角度所作的论证与从报复角度进行的论证二者有着不可分割的联系。因为对受害者（如果受害者仍然活着）、受害者的爱人以及社会上的其他人来说，罪犯罪有应得才可以给他们带来情感慰藉。但是，从报复角度进行的论证仍然可以仅仅是以道德的理由为基础（或者，按照范·登·哈格的话说是"出于正义的理由"）。从情感角度进行的论证是以报复作为前提，反过来则不成立。报复的刺激和冲动，在美国被描述为是"在过去的二十年中，在公共话语中占主流"，[1]在为死刑所作的学术论证中也同样占主导地位。[2] 而这主要可以溯源于康德（有时候也归之于黑格尔）。[3] 对于死刑的康德式辩护者主要是根据《道德形而上学》一书。（我在第六章中对这部著作有论述。）这部著作的标题可以帮助我们深入观察关于死刑的康德式论证。死刑的执行主要是一种道德的需要，其次才是法律问题，故而死刑从最终结果来说并非法律问题，但是，却是伦理道德问题。对康德来说，死刑是必须的，因为出于报

---

① 斯图尔特·班纳(Stuart Banner)：《死刑：一部美国史》(*The Death Penalty: An American History*)（马萨诸塞，剑桥：哈佛大学出版社，2002 年），第 311 页。

② 这与本书第四章关于美国道德义愤的讨论有着显而易见的密切关联。

③ 例如，范·登·哈格：《死刑再临》(The Death Penalty Once More)，载《美国的死刑》，第 445—456 页；汤姆·索雷尔：《道德理论与死刑》(*Moral Theory and Capital Punishment*)（牛津：Basil Blackway, Open University, 1987 年）。

复的道德需要。他所构造的纯粹道德形而上学需要这样。根据康德的
观点,死刑是"与先验性的普遍法则一致的"。[1]

　　在当代美国,关于死刑的学术辩护与康德的惊人接近,不论是从方
法还是从内容上看。正如在康德的道德形而上学中,最主要的论证就
是道德的正当性和报复的需要。以一种或其他的方式,我在此处提到
的所有的死刑哲学家(范·登·哈格、索雷尔、伯恩斯和莫里斯)都将道
德法则转译成了法律的法则。死刑被视为关于报复的道德需要的法律
结果。在美国,死刑哲学视自身为应用伦理学;[2]死刑哲学认为道德法
则可以也应当作为法律和惩罚的基础;换句话说,这意味着,法律需要就
先验的普遍性的法律去咨询道德哲学家。但在法律实践中通常却不是
这样的情形,法律系统并不会受此影响。事实上,据我所知,欧洲的法律
实践已基本具有脱离了道德主义原教旨主义。法律裁定和法律理应是
正义的,但是在法律系统内这种关于正义的适用是依情况而定的,不能
化约为任何形而上的道德法则或者系统化的道德哲学。如果我说的没
错,欧洲法理学并未将康德的道德哲学作为其法律实践的主要资源。
换言之,法律实践(在很多国家中)已经变得非常复杂,非常具有应变
性,也非常灵活,无法被化约为简单的一套道德法则。法律并不是作为
毫无争议的、放之四海皆准的、先验的、以报复为目的的伦理需求的刽
子手。美国是少数几个法律上有明显例外(也即死刑的存在)的国家之
一,至少如果人们相信其学术捍卫者的修辞的话。

　　《道德形而上学》初版于 1797 年,就在美国独立、法国大革命不久
之后。至少就法律和道德而言,美国仍然受 18 世纪后期思潮的影响,

---

① 康德:《道德形而上学》,玛丽·格雷戈尔(Mary Gregor)英译(剑桥:剑桥大学出
　版社,1991 年),第 143 页。
② 参看索雷尔:《道德理论与死刑》,第 30—32、162 页。

在我看来这一点很明显。

康德在《道德形而上学》中论证说，法院所制定的惩罚认可了每个人的天性(innate personality)。犯罪者的天性要求我们不是将其仅仅视为一个客体，而是视为完全自主负责的个体。因此，错误的行为可以归结为——用康德的话说——犯罪者天性中的"内在的邪恶"。与自然惩罚不同，法院的惩罚承认了罪犯是一个人或者一个自由个体。康德在惩罚的维度上，将这种承认视为正义的核心，他将此恰当地描述为"报复法则"(ius talionis，Wisedervergeltungsrecht)。以这种绝然的方式，康德主张，只有报复法则既可以在数量上、又可以在质量上决定对违法者的惩罚。[①] 对于康德来说，所有的法律惩罚都是出自报复法则，而这反过来又是建立在科学的、普遍的、先验的以及纯粹理性的、形而上的对伦理法则的解释之上的。报复法则是唯一在道德上正确的刑法。只有报复法则才能公平处理违法者的天性，视违法者为一个自由的、理性的人。康德式法律和伦理哲学正是从什么是真正的人这一点而得出其必然结论的。如果有人本就不良善，那么对于他作为一个自由理性之人的尊严的伦理承认，就使得处死他成为了必然的人权(以及法律责任)。

康德并非他那个时代唯一一个"被启蒙的"人，这些人发现有必要为了人道、道德和理性的目的来处死人。康德同时代的马克西米连·罗伯斯庇尔(Maximilien Robespierre)便是首先认真思考了这些道德问题，并在实际中提出一种积极的应用伦理学的人。[②] 他不仅解释世界，

---

① 关于康德对这些问题的讨论，可参看玛丽·格雷戈尔英译《道德形而上学》，第140—145 页。

② 君特·沃尔法特(Günter Wohlfart)使我意识到康德和罗伯斯庇尔二者在道德哲学上惊人相似。参看沃尔法特的著作《生活的艺术与其他：欧洲道家的去道德思潮》(*Die Kunst des Lebens und andere Künste: Skurille Skizzen zu einem euro-daoistischen Ethos ohne Moral*)(柏林：Parerga，2005 年)，第 75—76 页。

而且还要改变这个世界。我并不是在影射康德是一个罗伯斯庇尔分子，他并不是。但是罗伯斯庇尔为他执行死刑所作论证中使用的话语系统与康德的说法有惊人的相似。他们都认为，正义和法律必须建立在道德（用罗伯斯庇尔的话来说，就是美德）的基础上。而道德，又反过来必须立基于理性之上。在此意义上而言，对康德和罗伯斯庇尔来说，死刑是绝对必须以伦理的、理性的法则为基础的，它反映的是人类的尊严。康德可能并不喜欢罗伯斯庇尔对这一理论的运用，但是他们的理论构架却是极为相似的。1794 年 7 月 26 日，在恐怖专政时期，成千上万人经历杀戮后，在他举行了一场怪诞的公共庆典来庆祝理性之后，不久，他自己也被处以死刑。罗伯斯庇尔在立法议会的最后一次讲演中非常简洁地总结了他的道德法则："法国大革命是第一个建基于人类权利和正义法则基础上的革命。其他的革命仅仅需要满腔热血，而我们的革命则推行美德。"更具体地来说：

> 让我们不要误解：以理性和平等为基础，建设一个美好的共和国，共同团结，谨守这个美好共和国的一切，这不是一项无需思考便可以完成的事业：这是美德和人类理性的伟大作品。在革命内部有很多反对派，鱼龙混杂；如果你们不将饱满的热情投入永恒的正义中，如何才能将他们压制？你们仅有的自由的保证，就是对于你们已经认同的理性和普遍道德的严格遵守。如果理性不能统治，那么犯罪和野心就必然会统治。①

在这篇演说中，罗伯斯庇尔这位所谓的不可腐蚀之人，为他的革命

---

① 罗伯斯庇尔：《德性与恐怖》，斯拉沃热·齐泽克（Slavoj Žižek）主编，约翰·何维（John Howe）译（伦敦：Verso，2007 年），第 126、137 页。

同志丹东(Danton)、法布尔(Fabre)、德穆兰(Desmoulins)、赫尔伯特(Hébert)、肖梅特(Chaumette)、陇森(Ronsin)处以死刑作辩护。[①] 他们的死是必须的，因为他们在谋划着反对人道、理性、美德、法律的法则，因此，他们不能被赦免。这样做是不道德的，尽管他们是他的朋友和政治盟友。

或许，如果可能的话，罗伯斯庇尔在演讲的时候，还可能引及康德关于应用伦理学的文章。康德在这些文章中，谈到了他关于"最重大的、最应受罚的罪行"。这一罪行，又名反叛，对此，死刑是绝对必须的："若无镇压各种内在反判的力量，则正当地建成的共和国就无法存在。因为这种反抗被一种格言所左右，如果这一格言普遍蔓延，就会损毁整个公民宪法，并最终破坏人们可以拥有权力的这个唯一国家。因此，所有对于最高立法权力的反抗，所有臣民对于不满进行暴力表达的煽动行为，所有会爆发为反叛的反抗，在共和国内部，都是最重大的、最应受到处罚的罪行，因为它会摧毁共和国的根基。故而这一禁止(处罚)是绝对的。"我并不是说，康德会同意罗伯斯庇尔——用来进行绝对禁止——的做法，但是我能理解，如果能引述康德之言的话，罗伯斯庇尔在面对立法议会时，会如何一字一句地引述康德的这一段话进行自我辩护。罗伯斯庇尔坚信，他是按照伦理的、道德的以及理性的必要性而行为的。他的行动是为了挽救"唯一的人们可以拥有权利的国家"，使其免遭站在这种价值和美德对立面的邪恶势力摧残。这些邪恶势力必须要遭受死刑的惩罚，正如罗伯斯庇尔在支持处死路易十六时所论说的那样，这也可以看作是正当的、必要的"公共复仇"（public

---

① 罗伯斯庇尔：《德性与恐怖》，斯拉沃热·齐泽克(Slavoj Žižek)主编，约翰·何维(John Howe)译(伦敦：Verso, 2007年)，第132—133页。

vengeance)行为。① 但是,很多关于报复主义的(retributionist)死刑辩护者并不喜欢将报复和复仇等同起来,如欧内斯特·范·登·哈格和瓦尔特·伯恩斯。② 但是,一旦涉及"最重大的、最应受罚的罪行"——罗伯斯庇尔不会羞于使用这样强的词语,对于康德和罗伯斯庇尔来说,死刑便是唯一合理的、有效力的、以报复为基础的,对启蒙国度内的敌人应作出的法律回应。

　　当代美国的死刑哲学家也极为主张这样一种"康德主义的视角"。他们通常并不同意康德的观点——处死一切的谋杀者、反叛者以及其同党。③ 但是,他们却同意康德关于死刑的信念,即死刑在道德上来说是必要的。他们不是将法律正义视为应变性的、并不经常发生的社会建制,而是将其视为建构在以科学的或者理性的哲学分析为基础的道德正当的法律设施。这些哲学家并不是道德愚人。他们声称已经确立起了正义的道德法则,并希冀法律系统可以将这些更高的法则加以落实到日常生活。索雷尔在介绍其死刑哲学时说:"给予我们在生死问题上进行决定的,往往是道德法则。"④这些伦理学专家断言,他们正是为社会在生死问题上提供指导的不二人选。这当然就包括了法律系统内对于死刑的决定,因为他们正好知晓道德法则。

　　他们也是康德主义者,因为他们也强调死刑是罪有应得。汤姆·

---

① 康德:"通常说来:'这在理论上是真的,但是在实践中行不通。'"载《康德的政治著作》,H. Reiss 主编,H. B. Nisbee 译(剑桥:剑桥大学出版社,1970 年),第 81、63 页。讽刺的是,在其演讲中,罗伯斯庇尔极力要求处死国王,但他也将自己表现为一个死刑的废除主义者,他"非常痛恨你的法律中规定的死刑",《康德的政治著作》,第 64 页。看起来他很快就修正了他的道德原则。
② 见本章中欧内斯特·范·登·哈格和瓦尔特·伯恩斯的引文。
③ "所有的谋杀者——若其杀了人,或者教唆他人谋杀,或者在其中是帮凶——必须遭受死刑。"见康德:《道德形而上学》,第 143 页。
④ 索雷尔:《道德理论与死刑》,第 4 页。

索雷尔明确提及康德,称自己的立场是"报复主义"。瓦尔特·伯恩斯在解释道德的愤怒时,也说:"在人的灵魂中,存在某种东西……它要求……罪行应有报应。"欧内斯特·范·登·哈格说:"尤其是在世俗化的社会中,我们不能袖手旁观,还等待审判降临,才将犯罪者都打入地狱。我们的法庭必须在当下就将道德愤怒施于行逆作恶的人身上。"康德式的报复论已经成为当下美国死刑哲学家中最为重要的伦理法则。斯图亚特·班纳(Stuart Banner)在一本关于美国死刑执行史的书中说道:"长期以来,不论是在学术界,还是在政策制定者的圈子内,报复都被拒绝作为惩罚的合法目的。但报复之说又惊人地卷土重来……不论死刑是否能减少犯罪率,或者是否切断了犯罪者重新回归社会的可能,死刑就是一项道德律令,这一点被屡屡提及。"①

最后,美国的死刑哲学家之所以是康德主义者,也是因为他们强调,死刑暗含于要尊重违法者尊严的道德律令中。如果违法者被视为独立自主的,具有自由意志和理性的人,那么他们就应当给予基本的受判死刑的人类权利。只有死刑才足以尊重启蒙公民所具有的不可剥夺的道德和法律地位。赫尔伯特·莫里斯说道:"一个人如果犯了罪,就有权被处罚,而不是对他进行(治疗性的)对待。"欧内斯特·范·登·哈格也说:"人之所以为人,是因为他们可以承担责任,动物则不能。在康德主义的意义上,死刑是对犯罪者和受害者双方作为人的标志性的确认。"②

---

① 瓦尔特·伯恩斯:《道德义愤》,载《惩罚的哲学》,罗伯特·贝尔德(Robert M. Baird)与斯图尔特·罗森鲍姆(Stuart E. Rosenbaum)主编(Buffalo: Prometheus Books,1988年),第 89 页;范·登·哈格:《死刑再临》,载《美国的死刑》,第 451—452 页;班纳:《死刑:一部美国史》,第 282 页。
② 赫尔伯特·莫里斯:《人与惩罚》,载《惩罚的哲学》,第 78 页;范·登·哈格:《死刑再临》,载《美国的死刑》,第 454 页。

当代美国的死刑哲学家都是以自命的 18 世纪后期的道德科学为基础来论证死刑的。这一道德科学断言已经科学地建立起了一套先验的道德法则,发现了人类的真正本性,并推断,如果这个世界将是文明的、理性的、人性的和善的,那么所有的人类制度,尤其是法律制度,都必然适用这一套普遍的真理。他们继续推进了这一兼具专横独断和怪诞的道德话语,这一话语曾在启蒙运动的道德主义者那里非常盛行,而他们与生活在两百多年前的虔诚敬神的信徒一样,对现代社会进行理解时却如此疏离。他们所认为的永恒的、普遍的、理性的法则其实只是先前时代修辞的遗物(antiquities)(或者我可以称之为滑稽古怪的东西),本应安放在专门储藏学术畸形物的博物馆中。

法律问题道德化,这是不幸的,不仅仅在理论哲学层面上来说是如此,更令人担忧的是,在美国法院的实际操作中也是如此。特别是,诉诸死刑的判决,其控诉是高度道德化的,因此,在很多方面,已不再主要依循法定程序。

令我诧异的是,我发现有很多冤假错案,特别是在宣判死刑的案件中。正是如此,人们会希望对此有最为严格的监督和关注。数据显示,在美国,这类案件中的冤假错案并非孤例。尽管在翻转死刑判决上存在着极为复杂的程序性困难,但仍有统计数据罗列出了 1973 年至 1993 年间 48 位已经被判为死刑的人,最终无罪释放。[①] "无罪"这个词,显然是在法律意义上适用的,而非道德意义上。

对"无罪"一词的使用常混淆于法律意义和道德意义之间。我会在第十一章中对此作详细讨论。此处,我强调的是,错判是错误的,那应是法律上的原因,而不是道德上的原因。判处某人有罪,而实际上是他

① 雨果·亚当·拜多:《无罪与死刑:评估错误的死刑判决之危险》,载《美国的死刑:当前的争论》,第 344—360 页。

从未犯过的，这主要是法律上的失误。其次才是而且也不见得有道德上的过错。罪犯也许在道德上不是"无罪"的，但是如果他在法律上并没有罪的话，那他不应因此被视为在法律上有罪。

让我举一个体育中的例子来进行解释。我曾参加过一次在德国举办的足球联赛，意料之外的是，我们队坚持到了终场，甚至还在加时内攻入了制胜一球——或许我们自认为是这样。裁判以含混的理由宣告我们的进球无效。此后不久，另一队进球了，取得了联赛的胜利。赛后，裁判承认，他知道我们的进球是有效的，技术上来说，应该是我们赢了。但是，他说这样说不过去。因为与另外一队相比，我们踢得很差，不仅在决赛中如此，在整个联赛中也是如此。我们不配赢。从道德的视角来看，他是对的。确实，另一队表现更好，比我们队更有资格赢得胜利。但是，从体育系统的视角看来，裁判的判定显然是错的。体育竞赛并不是靠道德来判定的，而是靠进球数——得分或者不得分等标准来判定的。相应地，在特殊情境下，错误的法律判决很可能在道德上是合宜的，但是在法律的意义上仍然是不当的。如果他是一位专业的裁判，人人都会同意这个裁判应当被炒掉——因为他竟然将道德判断凌驾于体育项目所制定的制度和标准之上。

从 1973 年至 2004 年，美国有 102 个被列入死刑判决的人被免除罪责。① 没有数据可以告诉我们还有多少冤假错案未纠正过来，又有多少人由于司法判决的失误而被列入死刑名单或者已经被执行死刑。有人会说，免罪人数之多，正体现出了法律制度运转之好——有 102 个无罪之人最终被确认出来。但是在我看来，这样的说法极为可疑。虽

---

① 杰西卡·布兰克（Jessica Blank）与艾瑞克·詹森（Eric Jensen）：《免罪》（*The Exonerated*）（纽约：Dramatists Play Service，2004 年），第 5 页。1973 年，死刑被美国最高法院宣定为不合宪法，但在 1976 年又恢复了。

然永远也不可能得到证明，但是我相信，这一数据统计，正好相反，体现出的是，有相当数量的或许更高数量的不幸之人被错误地处死。不论如何，这一数字一定可以显示出，死刑判决绝对不是简单的事情。毫无疑问，这 102 个人已经被判是有罪的了。在这 102 起案件中，法官和陪审团为何就未合理地怀疑过呢？在这每一起由 12 个人组成的陪审团判定的案件中，这一判决又是如何达成一致的呢？我想造成这一惊人事实的主要原因之一就是，美国法庭在道德上的过度杀伤，特别是在死刑案件中，而近来报复理论的复兴则对此火上浇油。

通常，错判有几种原因：种族偏见；过分热心的检察官、警察或法官为了实现有罪判决而歪曲事实的违法行为；由于法院任命的律师不称职或被告不具备支付有力的辩护团队及律师的能力。不用怀疑，以上诸多因素无形中都对错判起到了推波助澜的作用。但我认为，在美国涉及死刑的审判中，对道德的强调，以及报复主义伦理的复兴，都可能发挥了更重要的作用。

在《美国死刑的标志性转变》一文中，富兰克林·齐姆林（Franklin E. Zimring）对美国死刑判决的道德化转向的分析极为精彩，但他没有将其称为道德化，而是称为"人性化"（personalization）。[①] 他的术语与我所谈论的正好一致。对美国当下的死刑判决实践之人性化的强调，就是道德性的强调。然而，在过去，更多的是出于务实、非人性化以及非道德的关怀（例如，威慑、剥夺再犯能力、成本）来为死刑辩护的，其焦点现在已经转向衡量犯罪者"内在的不道德"（inner wickedness）（出自康德）。而原本法律与道德的鸿沟理应通过犯罪树立。犯罪，就意味着犯罪者已经证明了其邪恶的本性，同时也造就了一个无辜的受害者。

---

① 齐姆林：《美国死刑的悖论》，第 42—64 页。

受害者被叫作无辜的人，并不是说，他没受到法律指控，而是说，他不应当在道德上遭受犯罪者的侵犯。这里的无罪（或无辜）就变成了一个道德词汇。因为受害者是无辜的，犯罪者就是邪恶的了，道德义愤就要求罪有应得的正义。司法审判的过程就被转换成了一个道德的过程。在审讯中更多的不是考虑法律上的过失，而是道德上的过失，或者说后者应当被更多地考虑。邪恶与无辜之间的界限非常鲜明，无半点含糊。通常如果某个人被视为恶，这就意味着找到了好理由毁灭他。

齐姆林对美国死刑实行情况的分析，非常清楚地揭示出，是哪种转变体现出了死刑审判的人性化，换句话说，就是对于受害者或者受害者的亲属的个人利益的关注："在 20 世纪的最后几十年中，美国死刑所宣称的目标，主要就是死刑审判及其执行的转变成了服务于谋杀罪中受害者亲属的个人利益。死刑审判的定罪阶段在很多州已经成为一个场合，即在此场合中告诉陪审团处罚决定就是对受害者的生命价值进行衡量……在审判和死刑执行中对于受害者的象征性关注，基本上就是继 1977 年死刑恢复之后，几乎就是法律创新和新心理学语言结合而来的产物。"[1]当死刑恢复后，报复论的语义学也就再次风行。在我看来，自从 1977 年久开始流行的新的报复论语言，与其说是心理学的，不如说是道德化的。

随着律师和检察官对详细的"受害者影响陈述"的引介，对于受害者的无辜、受害者不应遭受伤害、受害者亲属不应承受的痛苦的关注，就变成了法律现实。或者更加有效的，是直接由受害者的亲属和朋友陈述，后者被法庭召为见证人（或许，可以称其为道德见证人?）。齐姆林解释了这一转变的影响：

---

① 齐姆林：《美国死刑的悖论》，第 51—52 页。

　　当检察官选择了死判审判后,刑罚阶段就成了社会学家所说的"身份竞争",即在犯罪者(他对同情和理解的主张是惩罚阶段需陈述的主题)和那些直接或间接地在犯罪事件中受到伤害的人之间的"身份竞争"……在这一身份竞争中,对死刑的赞成倾向是很明显的。受害者及其家属是很容易受人认同的,而犯罪者则往往是犯了非常严重的过错。但是,所发生的更为深刻的转变是,审讯的处罚阶段现在成了双方私人陈述的竞争展示。①

而且,我还想加上一点:是双方道德陈述的竞争。

　　齐姆林总结说:"以死刑来纪念受害者的损失是切实需要的……对死刑来说是好的。这也模糊了死刑的判处与死刑的执行二者在政治本质上的区别。"②在此,我想再次稍微改变一下措辞:死刑审判的道德化转向并没有模糊其基本的政治本质,但是却改变了其基本的法律本质。严格来说,死刑不是政治管理的事情,而是法律事务。因此,审判道德化就将本应是法律判断的审判转变成了道德的判断。

　　齐姆林接着考察了与死刑案件的道德化(人性化)转变相伴而生的特殊语义学。一个新的伪心理学术语被创造了出来:"解脱"(closure)。③虽然向受害者利益的道德化转向显然是一种朝向报复、复仇或者二者兼具的道德观的转变,但这些词听起来并不好。"复仇早已臭名远扬,放到现在更是不合时宜。某个新的、更具个性化且听起来更加文明的、精简的词汇才会是——用来表达死刑执行中的人性化参与——吸引人的标签,才能是顶替复仇等词汇的最佳备选者。故而,令人联想到的'解

① 齐姆林:《美国死刑的悖论》,第 55 页。
② 同上书,第 57 页。
③ 此词之必要与第四章所论及的道德的愤怒紧密相关。

脱'一词就成了公共关系中的天赐之物。"这个词在 1989 年之前关于死刑的案件中，从未被使用过。但是从那之后，这个词就有了奇异的发展历程。现在，在大众传媒报道的死刑案件中，很少听说不使用这个词的。正如齐姆林所言，这个词"在司法和法律程序中没有任何法定的功用"——它仍然不是一个法律概念。但是对于检察官和媒体来说这个词却具有很大价值，通过它，可以很好地发掘谋杀案审判中的道德的潜在力量。齐姆林引用了 2001 年的一项民意调查，该调查显示，60％的美国人认为，死刑是公正的、合理的，因为它给受害者及其亲属、朋友带来了心理上的"解脱"。[①] 想一想，这是一个多么令人惊讶的百分率啊，而这个词在 12 年前还不存在。

　　在美国的大众传媒上，"解脱"一词被用来作为杀死恶人的充足理由——受害者的家属在接受电视采访时，又怎么会不用这个词呢？亲属从媒体和检察官那里了解到，如果他们是"合格的"受害者，他们不但有权寻求解脱也应寻求解脱。解脱已经成为标志性的道德必然要求。如果媒体不谈及解脱，那么媒体所讲述的这个案件情节就不会成为道德戏剧了。并没有心理学的证明表明，心理上的解脱可以通过对犯罪者执行死刑来实现。但这显然无关紧要，因为这个词的使用本来就不是在心理学意义上的，在媒体那里不是，在检察官那里也不是。它的作用就是用来表达报复的道德必然性。齐姆林说道："目前尚不清楚，当我们悼念失去所爱之人时，这失去是否有心理上的优势可以促成死刑的判决。我们也不知道，是否可以说，在有死刑的州和没有死刑的州之间，失去亲人之痛能起到何种作用。"[②] 有的州甚至出于解脱的目的，让受害者的亲人亲睹犯罪者的死刑。我无法想象，这在心理上有何好处。

---

① 齐姆林：《美国死刑的悖论》，第 58、61 页。
② 同上书，第 59 页。

解脱是一种心理幻觉,但是在美国死刑实践与媒体的报道中成了极具效果的道德化的话语工具。

齐姆林对"将死刑转化为为受害者服务姿态"的最后一个重要评论是"它将具有象征意义的死刑和对于惩罚进行社会控制的美国历史联结了起来"。[①] 齐姆林详细讨论了当下美国的死刑实践是如何与早期刑法的社会控制的形式关联起来的,即私刑和美国治安委员会的联系。对于无辜受害者与邪恶的犯罪者的道德狂热不是将现行的法律实践与法律系统联结起来,而是与不受法律支配的(在现在是不合法的)公众暴力行为联结了起来,这种公众行为在过去是被视为道德上正确的。死刑审判道德化使审判更像是——大众传媒构造的——公众所处私刑的一种新形式,而与纯粹的法定程序无关。

目前为止我关于道德化的论述可以解释为何死刑在美国仍然非常普遍,但是这还不足以支撑我最初的假设,即道德化也在错误的定罪方面起了重要作用。毕竟对于死刑的道德同情并不能等同于对于错误的死刑的道德同情。当然,我并不是说做了错误定罪的法官或陪审团在道德上倾向于让一个无辜的人被杀死。我想说的是,如果一个人被视为在道德上是有罪的,那么就很容易被认定他在法律上也是有罪的。在绝大多数的错误判决案例中,一定存在从法律上进行质疑的空间(毕竟是有人被错误地审判了),但是很可能不存在从道德上质疑的空间。再次引用沃尔特·伯恩斯的话说:"在人们的灵魂中存在某种东西……要求……犯罪应有报应。"[②]我不知道在人们的灵魂中是否真的存在这种东西,但是在法庭和大众传媒的交流中确实存在某种东西,使得法官和陪审员决定报复是一种道德必要——恶人必须被杀死。

---

① 齐姆林:《美国死刑的悖论》,第62页。
② 沃尔特·伯恩斯:"道德愤怒",载《惩罚的哲学》,第89页。

一般来说，在美国死刑审判包含两个阶段：有罪阶段（guilt phase）和量刑阶段（sentencing phase）。第一个阶段只是意味着要决定被告是否真的有罪，是否应当判处死刑还不必考虑。在第二阶段，被告有罪是无疑的，这已经被认为是论证过不用再怀疑了。这时陪审团（第一阶段也通常是这样）唯一要做的事情就是是否应对被告判以死刑。约瑟夫·霍夫曼（Joseph L. Hoffman）解释了这两个阶段中陪审团工作本质的不同，并且指出了法律过程如何在此转变为了道德过程："在审判的量刑阶段……陪审团不再是裁决一个要么'正确'，要么'错误'的问题，相反，他们要裁决的是一个道德问题，而这个问题的答案并不是要么'正确'、要么'错误'：被告是应当生还是死？这不是事实问题，而是道德判断。而作出这类裁决是无章可循的，法律无法给予陪审团明确的指导。"①在量刑阶段，法律几乎不再起任何作用。留下的唯一问题就是，杀死被告在道德上是否正确。

我们也不必去想量刑阶段是什么状况——这完全可以在电视上的法律真人秀节目中看到：诉讼通过对比狡诈的犯罪者与无辜的受害者，试图在陪审团中制造道德愤怒。诉讼关注受害人以影响陈述，以显示被罪行导致的道德裂痕只能通过裁定死刑来弥补。辩护方则乞求怜悯，请求陪审团考虑犯罪者并非真的变得如此邪恶，只是因为当时发生的情况超出了他的控制。或者辩方会说虽然行为是恶的，但是被告本人并不是恶的，或者说在犯罪行为发生的同时，他已经后悔了。这样，二者都全然直面彼此的道德诉求，陪审团成为了道德场景的观众，因而陪审团不得不在没有法律的确切指导下，在报复的道德观念和怜悯的道德观念之间进行裁决。在这一阶段，法律将关于生与死的裁决完全

---

① 约瑟夫·霍夫曼："美国陪审团如何裁决死刑案件：重要陪审团项目"，载《美国的死刑》，第 335 页。

交给了一群或多或少被随机挑选出的人的道德倾向。简言之：当涉及死刑的最终裁定时，法律几乎完全隐退，留下的是一场道德竞赛："主审法官推翻陪审团死刑判决的权力（在大多数州）是极有限的。"[①]

有一段控方律师在量刑阶段对陪审团说的话，为了最终作出死刑裁决。这个案件是一位叫雪瑞丝的年轻母亲和她的女儿乔莱斯被谋杀。而她幸存的儿子尼古拉斯目睹了这一谋杀：

> 　　这个案件中所关涉的家庭所遭受的痛苦怎么能得到缓解呢？做什么都没有用。没有什么可以减轻柏妮斯和卡尔·佩恩（二人是被告的父母）的痛苦，这是一个悲剧。你做什么对于减轻泽沃兰尼克夫妇（雪瑞丝的父母）的痛苦都没有帮助，这是一个悲剧。他们的余生都无法将之甩开。对于雪瑞丝和她的女儿乔莱斯，你也做不了什么。但是对于尼古拉斯你还是可以做些什么的。
> 　　未来，尼古拉斯将会长大成人，他会想要知道当年发生了什么。他将会知道他的小妹妹和母亲遭遇了什么。他会想要知道究竟发生了什么。你的判决，将为他提供这一答案。[②]

齐姆林对这个案件作了分析："控方律师……代表的是尼古拉斯的律师，而不是代表这个州的律师。陪审团被要求在审判中——通过证明和确认小男孩的巨大损失——作出唯一的选择。这意味着，在审判阶段，除却死刑之外的其他判决都将是对尼古拉斯利益的直接无

---

① 约瑟夫·霍夫曼："美国陪审团如何裁决死刑案件：重要陪审团项目"，载《美国的死刑》，第 335 页。
② 引自齐姆林：《美国死刑的悖论》，第 54 页。

视。"①陪审团被当作某种类似上帝的存在，必须践行罪有应得之念来实现道德正义。陪审员具有不可逃避的道德义务来作出死亡判决，如果他们不这样做，他们自己就是不道德的！对于陪审员来说，维护他们自己道德的唯一方法就是要求对犯罪者施行死刑。如果陪审团不这样做，就是进一步加重了受害者的痛苦，成了犯罪事件中的帮凶。有多少陪审员能够承受这一沉重的道德压力呢？

在这些案件中几乎三分之一的接受调研的陪审员认为法律要求他们判以死刑，然而事实上"几乎所有的州的法律中，陪审团从未被要求对被告施加死刑，主审法官指示陪审团他们在死刑案件中的恰当量刑一直都是陪审团审慎决定的事情"。② 很明显，这些陪审员很可能受公诉人的影响，错误地将法律可能性转变为了一种道德要求。他们被蛊惑了，乃至于认为他们的道德判断是法律的规定。但这并无法律规定，其实是道德话语已经将他们洗脑了。

考虑到在量刑阶段对于报复的道德诉求占据的位置，陪审团很轻易地就忽视了对于被告有利的证据或者其他法律事项，便不足为奇了。毕竟，这已经不再是一个问题了，因为罪行已经定性，不再需要重新评估。在一阶段发挥作用的是伦理道德，而且只有伦理道德。在这种情况下，对于被误判是没有法律帮手的。在这一阶段，免除罪责是不可能的，所以无辜的人和真正的罪犯被判处死刑的可能性是一样的。

人们仍然可以辩论说，因为有罪阶段是和量刑阶段分开的，因此，不能因为前一阶段的错误而责备后一阶段。看起来误判是发生于有罪

---

① 引自齐姆林：《美国死刑的悖论》，第 55 页。
② 约瑟夫·霍夫曼：《美国陪审团如何裁决死刑案件：重要陪审团项目》，载《美国的死刑》，第 338 页。

阶段——当罪行被错误定性——这不是量刑阶段道德话语的结果,而是定罪阶段的法律错误。然而,认为道德辩论在有罪阶段中没有起主要作用,这是一个错觉。虽然有罪阶段比在量刑阶段更为重视证据和其他的法律事项,但是这并不意味着在实际中道德论说作用就小。就这个方面而论,这两个阶段之间唯一的区别是,量刑阶段完全是道德化的,有罪阶段则是部分道德化的。根据上文提到的实证研究,几乎65%的受访的陪审员"提到他们在……有罪阶段的审议中讨论关于正确的惩罚的感受"。[1] 严格来说,陪审团在有罪阶段只应当考虑被告的有罪问题,尽管如此,陪审团仍然会面对受害人影响陈述、违法者的个人性格、对于犯罪的道德义愤,等等,这与被告的实际罪行没有多大关系。控方试图将陪审团的注意力从非道德的问题转向什么样的刑罚在道德上是应当的问题。而这显然很有用。控方甚至在有罪阶段强调了案件的道德面向,这样做才能得到有罪判决。

道德的两极分化对于实现有罪裁定和实现死刑裁定是同样有效的:"律师的情感辩论、来自大众传媒的压力,以及陪审团内部的分歧,都会扭曲陪审团的决定。"[2]这里所提到的情感辩论实际上主要是道德辩论。陪审团的情感被激起,并且被诉讼方和媒体操控。不论是在有罪阶段还是量刑阶段,道德义愤都是一个很好的语辞武器。正如陪审团在量刑阶段会基于道德立场对被告作出死刑裁决一样,陪审团也会出于同样的理由在有罪阶段作出有罪的裁决。因此,认为在定罪阶段中只关注事实证据,而丝毫不受道德因素干扰,只是人们的错觉。

在美国,在报应和解脱的情境下,死刑被视为道德上的必然要求,

---

① 约瑟夫・霍夫曼:《美国陪审团如何裁决死刑案件:重要陪审团项目》,载《美国的死刑》,第 338 页。
② 同上文,第 333 页。

任何一个死刑案件从一开始都受到了道德因素的侵染。一旦诉讼方决定寻求死刑，就已然——出于各种务实的目的——将道德框架引入到了案件之中。因为与其说死刑是针对罪犯，不如说是针对作恶的人，所以审判中的任何一个阶段都并非只关心与道德无关的事实（amoral facts），相反，道德事实（moral facts）在整个审判过程中都是决定性的角色。在笔者看来，这很可能就是死刑案件中出现错误判罚的主要原因。相较于其他类型的案件，死刑案件被道德从本质上侵染了，这种道德的侵染使得一些合理的质疑变成了质疑道德的问题，而不是一个证据是否确凿的问题。

不合时宜的美国陪审团制度，使道德话语泛滥，而法律话语则非常受限。陪审团成员不是法律专家，诉讼方和辩护方互相较量是为了在道德上获得陪审团的支持。这对于任何一个由陪审团作出裁决的审判来说都是如此，只不过程度不同而已。涉及死刑的案件从一开始便是高度道德化的，所以其审判也都极为道德化，而缺乏法律性的。因此，可以认为，死刑案件要比其他案件更容易犯法律错误。

下面这段话是凯瑞·马克斯·库克（Kerry Max Cook）案中公诉人对陪审团的一段陈辞。这段陈辞导致了对他的错误判决——这一判决建立在不确凿的证据上，将他扔进死囚牢房长达 22 年。最终，一份DNA 分析证明他是无辜的。这段话引自《免罪》*，根据作者的说法，"除了个别例外，《免罪》中的每一句话都是出自公开档案——法律文件、法庭记录、信件或者是来自对于被免除罪责的人们的访谈"。[1] 据

---

* 本章前文已提到过这本书。

[1] 杰西卡·布兰克与艾瑞克·詹森：《免罪》（纽约：Dramatists Play Service，2004年），第 5 页。

此,我认为下面的这段话是真实的:

> 　　陪审团的女士们、先生们,如果我未能在法庭上向你们展示每
> 一个怪诞的细节,那就是我不负责任和不细心,因为这个杀手现在
> 正坐在你们面前,这是来自这个国家的 12 位好人将他放到人渣堆
> 上的时候了,那是他的归宿。他扭曲变态,你无法跟他讲道理。受
> 害人是一个年轻的女性,她才刚开始要实现她的梦想,但是却被他
> 残忍地杀害了。这种变态的行为让他兴奋激动。你们甚至都无权
> 让监狱的警卫承受这个男人接触带来的风险。想想吧,你们想要
> 这个变态再次拿起他的屠刀吗? 现在,我们必须将这视为让一个
> 生了重病沉睡下去的动物。库克已经失去了与我们并肩共在的权
> 利,他不再拥有这些权利。所以,这个世界上所有行为反常的怪
> 胎、堕落的人以及凶残的同性恋者知道我们在正义的法庭上会对
> 他们做什么,这就是:我们要夺走他们的生命。[1]

在这个案件中,"来自这个国家的 12 位好人"尽了他们的道德义
务,将库克先生放置在了"人渣堆"上。他们做了诉讼方要求他们做的
事情,也即让"这个世界上所有行为反常的怪胎、堕落的人以及凶残的
同性恋者知道我们在正义的法庭上会对他们做什么,这就是:我们要
夺走他们的生命"。这确实是当下在美国法庭上在发生的正义之事。
在此我提出的问题是,这是法律正义的法庭,还是被道德侵染过的正义
的伪法庭呢?

这一章的主要命题是道德不是美国死刑问题的解决方案,而恰恰

---

[1] 杰西卡・布兰克与艾瑞克・詹森:《免罪》(纽约:Dramatists Play Service,2004年),第 34 页。

是其问题症结所在。一个可能的反驳性论证会说：难道在美国刑事程序中没有反对死刑的道德机制吗？州官员有权利给予违法者以赦免，或者甚至是暂缓执行。这难道不是一种道德观念纠正其自身的方式吗？但是，事实却正相反。现在，道德推论基本不被用于为赦免作辩护，而用于拒绝赦免或暂缓执行。与赦免相关的道德话语在当下的作用不是对促进赦免的实现，反而是阻止它。换言之，赦免在当今的美国死刑言说中，相较于报复而言，被视为不那么道德。自从 1977 年以来，在行政赦免的执行上，只有"惊人的下降"，①我认为其原因便是报复主义道德观念的盛行。

行政赦免是由政治人物所实行的，严格来说，并不是法律性的，而是一种政治行为。由于政治家渴望当选或者连任，因此，他们倾向于按照他们选区中主导的那一套道德话语来表现。如果他们不这样做，就等于是在冒政治风险。在过去的 50 年中，一直有很多美国人支持死刑，其在当下受追捧也正与报复主义的道德观念直接相关。报复和解脱被视为支持死刑的最为重要的道德根据。因而一个实施政治赦免的政治家会被视为不道德的，或者至少会被认为是不够道德的。尤其是在大众传媒中死刑判决享有很高的道德认可度。斯图尔特·班纳在关于美国死刑的历史中写道："对于参选的官员来说，不同意公众的意见，常常相当于放弃了其政治生涯。最典型的例子发生在 1988 年的总统选举中，当时迈克尔·杜卡基斯（Michael Dukakis）在和乔治·布什的辩论中强调他反对死刑，在此之后他就被基本认为已经丧失了赢得选举的机会。四年后，在 1992 年的竞选中，比尔·克林顿特意去阿肯色州签署了关于瑞奇·雷克托的死刑执行令，而瑞奇是一个对自己的命

---

① 雨果·亚当·拜多：《背景与发展》，载《美国的死刑》，第 19 页，具体的数据统计见第 20 页。

运如此浑然不觉的囚犯,他还打算把最后一餐的甜点留到行刑后吃。"[①]

关于暂缓执行,齐姆林说到了这样一个案子:"在内布拉斯加州,1999 年州立法机关颁布了一个关于死刑的备忘录法案,用以研究该州死刑制度的公正性与可靠性。州长迈克尔·约翰斯(Michael Johanns)在反对关于暂缓执行的法案时告诉我们:'我强烈地感到,身为州长,我的重要任务之一便是尽我所能实施为受害者及其家庭服务的法律……而暂缓执行是在给他们带来慰藉解脱的路上设置了一个拦路石。'"[②]

马基雅维利论述说:"每一位君主都一定希望被人认为仁慈而不是被人认为残酷。"[③]但是公众对仁慈或残酷的意见是非常不稳定的。在过去当一个政治人物给予将要被执行死刑的人赦免,那么他展现出的是具有同情心的形象,在美国行政赦免发生比较频繁的年代也是如此(即 1976 年之前)。但是今天,如果一个政治人物不给予违法者以同情,而是给予受害者以同情,他才会被视为仁慈的领袖。与报复主义的道德观念相一致,道德同情是通过不要以终止死刑这样的方式"残忍"地对待受害者来展现的。在道德观念或同情心中不存在任何东西可以必然导向反对死刑的观点。

拉里·梅耶斯(Larry Myers)提到了一个令人关注的事情,将赫尔伯特·拉蒙德·奥泰(Herbert Lamont Otey)的死刑减刑为不允许保释而终身监禁的裁决,但最终这一法律意义上的努力徒劳无果。这个

---

① 斯图尔特·班纳:《死刑:一部美国史》,第 276 页。
② 齐姆林:《美国死刑的悖论》,第 61 页。
③ 马基雅维利:《君主论》(*The Prince*),乔治·布尔(George Bull)英译(伦敦:企鹅,2003 年),第 53 页。

案件的细节引人瞩目，但在这里我聚焦的是其政治性、道德化的方面。整个案件是非常政治化的，也吸引了相当多的媒体关注。司法部长斯坦伯格（Stenberg）是死刑的坚定支持者，他"有时会将受害者家人站在他背后的画面作为其电视新闻发布会的背景"。赦免的流程已然变成了一个政治的、道德的大众传媒秀，而这类秀与法律没有丝毫关系。如梅耶斯所说，奥泰在行刑的一周前跟他的朋友说："如果我死了，那将会是一场政治杀戮。"①当然，他是对的。但这是一场出于道德理由的政治杀戮。在这起案件中，法律和政治都被道德话语压制。

现行的美国关于赦免的道德立场将我们引回到了这一态度的滥觞者那里，此即道德形而上学家伊曼努尔·康德。在他那里，我们已经发现了当代人对于行政赦免的态度的模型。据康德之说，给予行政赦免的权力在真正的道德性法律中没有一席之地。因为对康德而言，这是非常不正义的。② 如果有人对上述所列的案件进行反思，看上去美国的州长正是持有与康德一样的观点。或许他们应当将赦免程序也完全废除掉，因为若依照康德式报复主义的道德律令，那么赦免程序从一开始就已经是不道德了。

---

① 拉里·梅耶斯：《赦免的诉求：赫尔伯特·拉蒙德·奥泰的案例》(An Appeal for Clemency: The Case of Herbert Lamont Otey)，载《美国的死刑》，第 361—383 页。

② 康德：《道德形而上学》，第 146 页。

第十一章

战争的主宰者

　　《道德经》(或名《老子》)是世界上讲述战争哲学的最古老也最有影响的一个文本,准确地说,它是讲述战争艺术的书。在中国古代有一个关于战争哲学的学派,其著作的译本在今天的西方随处可见。[①] 东亚的武术——如今在西方也很受追捧——就是根植于这一兵家哲学的传统。道家对战争的思考与西方传统中对战争的思考有显著差别,这种差别在于道家对待战争的非道德化(amoral)的方式,如《道德经》[②]中所讲的,这与西方传统中往往高度道德化的战争哲学相反。[③] 道家哲学是非人类中心主义的,没有将人视为衡量万物的尺度。它把战争在内的社会问题,都置于天地的大背景下,即置于大自然或者说宇宙的背景下来看待。按照这种观点,自然在道德上是愚痴的(morally foolish);

---

① 我尤其推荐《孙子兵法》(*Sun-tzu*:*The Art of Warfare*),安乐哲译本(纽约:Ballantine,1993 年)。

② 关于战争的道德思考,讨论合法战争的条件,存在于中国古代哲学的其他流派中,尤其是儒家(孟子)和墨家。

③ 关于其重要差别,可参拙著:《〈道德经〉的哲学》(纽约:哥伦比亚大学出版社,2006 年),第 75—86 页。道家的战争哲学不仅仅是去道德化的(amoral),而且是反英雄主义的,并且也不关心种族或民族问题。

自然并不以伦理道德的方式在运行。因此，战争也不能按照人文主义说成是一个道德问题，它不是发生在善与恶之间的斗争，不是正义与不正义、英雄与坏蛋之间的较量。在《道德经》中，有很多章节都或隐或显地言及战争，但是却从未使用对与错的道德化方式来论述战争。

在道家思想中，战争是有损害且徒劳的力量冲突，对社会资源来说是种浪费，是社会极端混乱失秩的状态，是社会灾难。可以将它与天灾或者致命的疾病相提并论。战争意味着对生产过程的干扰和破坏。在自然界，雨润物生。但是，一场冰雹则会扫毁庄稼。就如同冰雹会破坏自然秩序，干扰了自然与农作物的发育成长的自然循环，战争则真正破坏了社会的生生不息。战争完全是破坏性的。在道家看来，治国之道便在于确保社会的秩序。因此，战争被视为统治的极大失败，它是失败的政治的最坏结果。确实，战争非常坏，但是有趣的是，战争并不是最邪恶的。在道家看来，说战争是恶的，就跟说地震是恶的一样奇怪。至少在道家来看，不能在道德上评论地震，对于战争来说也是如此。

道家对战争的态度是相当现实的。虽然他们认为政治统治的主要作用是维护社会秩序与生产力，因而是要防止战争发生，但他们接受战争发生的事实。战争就像冰雹、地震以及身体的疾病一样发生。对于道家来说，阻止战争发生要比战争发生后再处理更重要、更有效，如果不能阻止战争发生，那对战争的处理就必须尽可能使战争的危害降至最低。道家厌恶战争，但是他们不是和平主义者。尽管他们将战争视为重大的政治失误，但是他们也看到，战争与地震或疾病不同，不能够根除。对于战争，道家统治者会尝试以最小的代价赢得战争。道家的战争策略强调的是防卫和回避。成功的战役是让敌方耗尽其力。当敌方的能量耗尽，就会瓦解。道家的战争策略其目的不是战胜敌方，而是要使敌方自己打倒自己。在这里，我们仍可将战争比作身体疾病。人不能一味地和发烧做斗争,通过休息治愈发烧更为有效。

按照这个观点,我所强调的是从伦理道德的角度看待战争是没有意义的。战争总是坏事,但是它不是恶。如果战争可以称为恶的,那么也可以给它贴上善或者正义的标签。对于道家来说,战争不是恶,但是在非道德的意义上,它总是错的。战争之错就像冰雹或者发烧,所以用伦理道德来评价战争是无意义的。通常,没有人(除了某些宗教的狂热分子)会把冰雹或者发烧称作正义的。因此,没有理由说,战争是正义的或者正确的。

和道家完全相反,西方哲学传统强调的是战争的道德方面。[①] 就如战争理论至少可以追溯至奥古斯丁的《上帝之城》,但是它也可以追溯至古希腊罗马。可以肯定的是,西方传统中也有关于战争的策略的论述(有人会说,如马基雅维利和冯·克劳塞维茨),但是这些还被认为只是沾着哲学的边。从哲学上说,伦理(和宗教)问题通常被认为要比从实际考虑的角度谈论如何赢得战争更重要。这种中西哲学不同再次表明,总体来说,中国哲学,尤其是道家思想,更关注效力(efficacy),而非真理(truth)。道家哲学更关注如何处理战争,而非去确认一场真正好的、真正正义的战争应该是什么样。

此处,我会将对西方正义战争理论的论述和批评限于此领域当代最具盛名的代表迈克尔·沃尔泽(Michael Walzer)。我不能说在何种程度上沃尔泽的理论可以视为西方战争伦理学这一丰富传统中的代表,但是,依我所见,他追随了西方道德哲学家,如康德和边沁的脚步

---

① 一个有趣的例外是赫拉克利特。通常,前苏格拉底哲学家,尤其是赫拉克利特与道家的思想观点之间惊人地相似。君特·沃尔法特对此问题有深入探究。关于此,可参其所著《道家哲学》(*Der Philosophische Daoismus*)第八章"论赫拉克利特与老子"(Colgue:Chora,2001 年)。

（参见第六章），康德和边沁都想要确立起关于善和正义的法则。沃尔泽所确立起的法则虽然没有康德那样的超验性，也没有边沁那样的数理化，但是他仍然乐观地认为，他能够提出很多关于战争基本道德的"实用的"（practical）见解。

沃尔泽明确指出，他对战争的研究取径不是法律的而是伦理的。他关注的不是战争的法律正义。在《正义与非正义战争》（*Just and Unjust Wars*）的前言中，他说："这并不是一本关于战争之成文法的书。"相反，沃尔泽"关心的是道德世界的现存结构"。他想要"为政治和道德理论收复研究正义战争的领地"，关于战争，他想要分析这些"道德主张，寻找到它们之间的逻辑一贯性，揭明它们所蕴含的原则"。[1]

就像很多正义战争理论所做的那样，沃尔泽区分了发动战争的权利和参与战争的权利，但是他所使用的"权利"一词是道德意义上的，而非法律意义上的。我对这两个词之间的差别并无兴趣，因为我认为从道德意义上而非法律意义上看待它们，才是问题所在。我要再次谈及道德与法律的分离问题。我认为沃尔泽关于这两种权利的道德化理解并无什么益处。

沃尔泽承认很难充分判断出哪种战争以及战争中的何种行为可被视为"正义的"。因为导致战争爆发的形势很复杂，要找出适用于所有个案的一般道德法则并不容易。他对具体的历史事件很关注，试图就他所考察的每一个战争的道德特性进行复杂的评估。在此，我只举出

---

[1] 迈克尔·沃尔泽：《正义与非正义战争：通过历史实例的道德论证》（*Just and Unjust Wars: A Moral Argument with Historical Illustrations*）（纽约：Basic Books，1977 年），第 xii—xv 页。（此书已有中译本《正义与非正义战争》，2008 年由江苏人民出版社出版。——译注）

几个足以代表他观点的例子。

在沃尔泽看来，第二次世界大战对同盟国来说是正义的，而对轴心国家来说则是不正义的。在轴心国家内部，纳粹的战争要比日本的战争更不正义，因为前者是"对我们生活中所有好的事物的终极威胁"，"其可怕难以估量"。因此发动反击纳粹的战争就是一项道德义务，在这个具体的例子中，尽管沃尔泽谴责了对非战斗者的残杀，但对德国城市的空袭也是正义的。只是因为它们完成了一项军事目标（尽管有人会说情况不是这样），而且在"极为紧急"的情况下，因为"被确定的犯罪活动（杀害无辜百姓）"必须从"反对无法估量的恶（纳粹的胜利）"来衡量，所以袭击是正义的。

美国在越南的战争是不正义的，因为它支持不合法的政府，否则这个政府本来是不能维持下去的。沃尔泽说道："一个合法的政府是能够自己进行国内战争的政府。在这些战争中，只有当外来的帮助是来平衡——而且也只是平衡——在此之前已经介入的另一方力量，那么外来的帮助才能被视为反干涉的。如此，就可使得当地的武装力量能够依其自身取得胜利或者最终失败。"①

然而，有一种的外来介入也是正义的。1971 年，印度对孟加拉国的入侵是正义的，因为巴基斯坦军队进行大屠杀，"遭受屠杀的人们失去了他们参与正常（甚至是正常暴力性的）的国内自决进程的权利。他们的军队在道义上吃败仗在所难免"。②

以色列 1967 年对埃及开启的六日战争是正义的，尽管这是一种入侵行为，而按照沃尔泽的观点，入侵一般是非正义的。在这个个案中，

---

① 迈克尔·沃尔泽：《正义与非正义战争：通过历史实例的道德论证》（纽约：Basic Books，1977 年），第 101 页。
② 同上书，第 106 页。

其之所以是正义的，是因为埃及计划摧毁以色列，因而以色列率先发起进攻是"明显合法的先发制人"。应当证明以色列的进攻是正义的道德法则是："国家在面对战争的威胁时，可以使用军事武力，不论此举是否会严重威胁其他国家的领土完整和政治独立。"①

对沃尔泽观点的最有力的反驳在本质上是相对主义的。沃尔泽详细讨论了霍布斯及其《利维坦》，他援引此是为说明，在霍布斯看来，公平、正义等术语的"使用从来都是和使用这些术语的人相关的"；"有些人称为机智，但另一些人则称为恐惧；有些人叫作残暴，另一些人则叫作正义……因此，这些术语永远不可能成为任何推论的真正基础"。② 诚然，我们可以站在霍布斯式相对主义的道德判断立场上质疑沃尔泽。例如，中国人会同意沃尔泽所说的，日本不像纳粹那样坏，因而要以不同的道德原则为参照来对待日本？难道中国人就不能说，对于他们来说日本的罪恶罄竹难书吗？阿拉伯国家的正义战争理论家又会对以色列进攻埃及的行为说什么呢？难道他们不能使用沃尔泽关于政府合法性的理论来指出，以色列的军事优势来源于外力支持，故而导致当地武装力量胜负的因素并非缘于自身力量的优劣，因此以色列政府是不合法的吗？当然，我在此不是在暗示这种可能的推论比沃尔泽的推论要好，但是霍布斯确实看起来是正确的。在这些问题上要达成道德上的共识是非常难的。

沃尔泽反对相对主义，他基本认同让·贝泽克·爱尔希坦（Jean Bethke Elshtain）归属于当代"正义战争思想家是法则的底层"的以下设定，也即"普遍的道德性质的存在"，"需要有关于谁/什么是侵略者/

---

① 迈克尔·沃尔泽：《正义与非正义战争：通过历史实例的道德论证》（纽约：Basic Books，1977年），第85页。
② 同上书，第10页。

受害者或者正义的/不正义的道德判断"，"道德诉求和道德论证的潜在效用"。[1] 沃尔泽的道德论证读起来就像最终的、普遍的道德命题，他对什么人在根本上是正义的与什么人不是正义的作了清晰的划分。从相对主义——或者依笔者所见是经验主义——的观点来看，沃尔泽对其自身确立普遍有效的道德法则的能力所持的认识论乐观主义是无根据的，这些原则不能付诸实施，也根本不具有实施的可能。对于这些原则，总是存在着相互冲突的解释。罗伯特·霍姆斯（Robert L. Holmes）以一个惊人的事例论述了这一问题：

> （希特勒的）《我的奋斗》代表着德国民族（意指德国人，而不是国家）的存亡与价值观念正在面临威胁，此价值观念就是沃尔泽用来论证最紧急关头的价值观念，正义战争理论家也都会拿来当作正当理由（just cause）。希特勒看到了德国民族被马克思主义-犹太人的恶魔般的阴谋所威胁，元气被侵蚀，血脉被毒害，从文化成就的高峰往下坠落……他的这些观点是错误的，但这无关紧要。因为一个人的行为必须依赖于其信念。人们只会将他们信赖相关的原则付诸实施。这就允许了差错的出现。所以，如果有人将一个正当理由作为一场正义战争的必要条件，那么，这在实践中就意味着若国民相信他们拥有一个正当理由，就可以诉诸战争。[2]

我想霍姆斯的批评是对沃尔泽的更有力的回应，比霍布斯式的相

---

[1] 让·贝泽克·爱尔希坦：《结语：正义战争传统的持续影响》，载《正义战争理论》（*Just War Theory*），爱尔希坦主编（纽约：纽约大学出版社，1992年），第324页。

[2] 霍姆斯：《战争可以在道德上被证成吗？正义战争理论》，载《正义战争理论》，第220页。

对主义更有力。我认为，霍姆斯非常正确地指出了，希特勒相信其所发动的战争和种族灭绝具有终极道德正确性，因为他认为存在一个马克思主义-犹太人的阴谋，如果不对此进行暴力反抗，将会导致德国的全面瓦解，他成功使德国人和很多德国以外的人在一段时间内也认可了这种信念。我们可以肯定地说这种信念是错误的，但是正如霍姆斯所指出的，这并没有关系，因为我们只能获得信念，而不能获得真理，而且我们总是相信我们所相信的是真的。

因此，关键问题不仅在于对正义战争理论可以有不同的诠释，对一个人或社会来说是正义的，而对另外的人来说则是不正义的，而且也在于正义战争理论，事实上可能被一些抱有善意的思想家，例如沃尔泽所使用，也很可能被阿道夫·希特勒这样对于正义战争有强烈信念的人所使用。我们可以讨论说，希特勒在推行他的正义战争理论方面非常成功：他诱导了上百万人去践行他所认定的信念。* 换句话说，问题不仅在于道德判断的普遍有效性本身非常成问题，而且对于这种始终有效性的信念而无视其客观有效性，会在现实的层面上将这个世界划分为两拨儿人：一拨人理应活着，另一拨人则理应去死。

正义战争理论对专业的伦理学者来说不单纯是一个学术问题，也是一种修辞工具，可以在战争中作为修辞武器。正义战争理论是将道德作为交流工具使用的最为危险的用法之一。① 在战时状态下，正义战争理论通过大众传媒、政治家、军队、教堂、道德哲学家、公众意见等流行开来，它就是武器工业的上佳搭档，也不可避免地成为战争机器的

---

* 意指希特勒发动战争。

① 我听从了 John Maraldo 的建议，发现我确实在此处的推论中涉及普遍的学术意义上的正义战争法则，包括双重效果法则在内，这一法则是说，有一些坏的事物只要它们满足了一些好的前提，那么在伦理上（特别是在战争中）是允许存在的。上文提及的沃尔泽的论证便是这种法则如何被应用的例子。

一部分。道德在战争时期比在任何其他时期更有致命的损害。伴随战争而生的不仅仅是武器的爆炸,还有道德的爆炸——道德话语的爆炸。而正义战争理论则是所有道德话语中最具爆炸威力的话语。

　　沃尔泽在其著作《论战争》(*Arguing about War*)中用了数页的篇幅在道德上谴责恐怖主义,这本书出版于 2004 年,其中的部分内容写于 9·11 事件之后。① 沃尔泽给出了一个关于恐怖主义的——对他来说的——明确定义:恐怖主义是"对于无辜民众的故意、任意屠杀,其目的是在整个群体中制造恐慌,以胁迫政治领导人"。他承认这一定义与民族解放或反抗运动组织(例如,IRA、FLN、PLO、ETA 等*)最为相合,但是他也认为,恐怖主义也应包含针对自己国家的人(如南美的军事独裁)或者针对他国民众(广岛)的国家恐怖主义。他明确不认同"一个人的恐怖分子是另一个人的自由战士"的观点,他引用了电影《阿尔及尔之战》的例子,其中阿尔及利亚恐怖分子攻击了法国平民:"20 世纪 60 年代**,来自阿尔及利亚民族解放阵线 FLN 的人在咖啡馆里放置了一枚炸弹,当时法国青少年正聚在那里调情和跳舞。这些人称自己为自由战士时,只有蠢货才会真的这样认为。"②好吧,我就是一个道德蠢货***,而且我在观看这部电影时也着实被自己的"愚蠢"给"愚弄"了,导演吉洛·彭泰科沃(Gillo Pontecorvo)在电影中对阿尔及利亚恐怖分子争取独立的战争记录得太棒了。

　　依笔者之见,沃尔泽关于恐怖主义的看法的问题在于是建立在关

---

① 迈克尔·沃尔泽:《论战争》(纽黑文:耶鲁大学出版社,2004 年)。(此书已有任辉献、段鸣玉所译,江苏人民出版社 2011 年中译本。——译注)

* IRA 是爱尔兰共和军,FLN 是阿尔及利亚的民族解放阵线,PLO 是巴勒斯坦解放组织,ETA 是西班牙的巴斯克激进分离主义组织。

** 《阿尔及尔之战》电影正是于 1966 年在意大利上映的。

② 迈克尔·沃尔泽:《论战争》,第 130—131 页。

*** 即道德愚人。

于无辜（innocence）的道德观念之上，这一观念在理论和应用性的正义战争伦理中仍然非常普遍。将恐怖定位于杀害"无辜"太过随意。从法律上来说，平民当然是无辜的，但是士兵也一样是无辜的，包括将原子弹扔到广岛的士兵也一样。在此，我们看到像沃尔泽等正义战争理论家并不在法律的意义上使用这个词，而是在道德的意义上。然而，从阿尔及利亚民族解放阵线的角度看，那些"聚在一起调情和跳舞"的法国青少年真的是无辜的受害者吗？显然不是这样。从一开始，是法国将无辜的阿尔及利亚当作攻击对象，既然如此，那么从复仇正义（参看第十章）的角度看，民族解放阵线的行为也可以获得道德上的辩护。（我并不是从道德角度为此作辩护，因为我并不认可复仇正义的说法，沃尔泽也不认可。）更为重要的是，虽然阿尔及利亚人确实指出他们更想要进行一场常规战争，但是他们没有选择的机会，因为法国侵略者的军队实力太强，用沃尔泽自己的术语来说，法国侵略军使得"当地武装力量依靠其自身力量胜利或失败"变得不可能。同情法属阿尔及利亚的人主要是法国侨民，支持他们的是外国警察和军队机器，而这些是阿尔及利亚民族解放阵线并不敢直接面对的。这导致的结果是出现了极不对等的战争形势，此即沃尔泽定义为恐怖主义的军事前提。恐怖主义的不正义策略只是对于同样不正义的（根据沃尔泽的标准）外国军队入侵这一状态的反应。

从阿尔及利亚民族解放阵线及其本土支持者的角度看，法国青少年（事实上，在咖啡馆中的当然不只有青少年）的无辜是非常成疑的。毕竟，他们就身处于现实的外国入侵者中，他们的存在也正是外国警察和军队机器出现以打击本土阿尔及利亚人的原因。他们不是中立的，或者消极被动的，他们就是入侵的人。我能理解，如果阿尔及利亚人也选择用道德框架来看待这一冲突，就说明了为何阿尔及利亚人不会将他们看作无辜的人。从他们的立场说，将生活在阿尔及利亚的法国人视为压迫者主体是说得通的。

　　沃尔泽创造了流行的错误正义战争理论：在道德上无辜的人与道德上有罪的人、受害者和侵略者之间存在着非黑即白的分别。但是在德国和日本广岛两地炸弹的受害者真是无辜的吗？一方面，我认为其中的大多数人不仅仅是纳粹或日本政府的积极支持者，而且他们或多或少实际参与了其所在国家所发动的侵略战争——在全民动员时期这是必然的。另一方面，他们真的有罪吗？他们不也是想要挽救他们的国家、他们的家人和他们自己的生命吗？他们自己并没有发动战争。或许他们已经首先成了邪恶政治力量的牺牲品了。我确实是道德傻瓜，我根本看不清 20 世纪 60 年代在阿尔及利亚的法国人身上可以加上清晰的无辜或有罪的标签，对于生活在二战中被轰炸的德国市民来说也是如此。我不确定，以道德为基础来决定他们的命运，对于他们的死是否正当可给予一个明确的判定，这样做真有什么意义吗？

　　根据沃尔泽所说，老布什的伊拉克战争，除了有杀害无辜的生命之外，总体来说是道德上正义的。[①] 依照沃尔泽的观点，被美国人在伊拉克杀害的平民是无辜的，那么那些成百上千的被美军武器杀害的伊拉克士兵呢？为何就可以说这些士兵比那些很可能只是恰巧未参军的人就更有罪呢？而且，又该如何看待那些——自愿参军并加入一场美军拥有绝对优势的战争的——美国士兵所承担的道德角色呢？美国士兵只需要冒很小的危险，便可以屠杀被残忍的独裁者派遣出去的、数以千计的无助的伊拉克士兵。根据《世界年鉴与事实·1998》，参与战争的467 939 名美国士兵中，仅有 299 人死亡（148 人战死，151 人死于其他原因）。美国士兵的死亡概率仅仅是 0.06%。对于美国人来说，在伊拉

---

① 沃尔泽：《论战争》，第 85—98 页。

克当兵要比在美国首都生活的市民还要安全些,因为华盛顿 1998 年的谋杀率是每 10 万人中有 73.1 人死亡,其百分比是 0.073％,而且这一数字还未包含其他死亡的情况,比如交通事故等。①

将此视为正义战争只是因为严格来说这场战争是发生在两个常规军队之间吗? 还是说这两个军队在道德上和军事上有什么可比性呢? 沃尔泽从未谈及这一令人瞠目的差距巨大的死亡人数,这一死亡人数甚至要高于在越南的死亡人数,在越南战争中美国的死亡数字是 6 万,而越南、柬埔寨和老挝的死亡人数则是介于 100 万到 300 万之间,也就是说,当地人死了 20 个到 60 个相当于死了 1 个美国人。在伊拉克,尽管美国军队小心翼翼地不计算敌军的损伤,这使得我们很难得到一个确切可靠的数字,但是我们仍可以切实地推测每个美国士兵杀害了大约 100 个伊拉克人。② 难道这一数字还不足以称为一场大屠杀吗? 或许,按照沃尔泽的论证,我们可以称此为正义的大屠杀。对他来说,应该不难再提出一种正义大屠杀的理论。

在此我想说明的是,沃尔泽的思想,尤其是其反恐怖主义伦理学的核心是关于无辜、无罪的道德范畴,而这只不过是一种语言交流上的建构(communicative construct),是不可测量的、不可辨别的,当它被用于实践,则发挥出武器的作用。按照沃尔泽的说法,有罪和无辜之间的区别就是哪些人可以被杀和哪些人不能被杀的区别。其功能则是用来指

---

① 《世界年鉴与事实·1998》(*The World Almanac and Book of Facts*, 1998),第959 页。值得注意的是,1991 年伊拉克战争中的死亡人数与美国战争中的死亡人数,是越南战争和朝鲜战争中的死亡人数是 10 倍以上(分别是 0.66％ 和0.64％),第一次世界大战和第二次世界大战中的死亡率则是 40 倍以上(分别是2.46％和2.49％),参见上书,第 161 页。
② 根据《世界年鉴与事实·1998》,伊拉克伤亡逾 85 000 人,见第 776 页。因此,我们不清楚这其中有多少人死了。我认为推测伊拉克人的死亡人数为 30 000 并不高。大多数人的恐怖主义行为(除了 9·11 恐怖袭击这样的)其损失有效率都比较低。

导真实的战争武器,正如枪炮和刀斧是危险的工具一样,正义战争理论
也是危险的工具。正义战争理论是导向枪炮与刀斧的语言交流方式
(communicative means)。这里的问题并非导言中所说滥用的问题。
滥用这个语词也正是无辜这一语词的变种。如果一把枪朝向了无辜民
众,这是它被滥用了。但是事实上,当枪炮和正义战争理论被使用或滥
用时,它们的作用是相同的。它们本身并不能决定使用或滥用自身,关
键在于我们如何去评说和看待它们的问题。问题在于,这种评价真的
有帮助吗?枪支管控是能减少使用和滥用它们的一种方式,而在战时
这种方式就基本废弃不用。我愿呼吁进行正义战争理论的管控,以限
制这一为武器使用在语言交流上装饰和美化的做法,但是这种管控很
可能在战时是行不通的。或许,在禁止大规模杀伤性武器的扩散条约
之外,我们还可以呼吁某种条约,以禁绝正义战争理论的扩散。

　　沃尔泽所引入的用来评价战争是否道德正义的标准是非常成问题
的,也过于简单了。无辜和有罪并非如其所认为的那样泾渭分明,在阿
尔及利亚战争或者巴以冲突中的战士与非战士之间罪与非罪的区别也
是如此。类似地,恐怖主义、侵略、防卫和先发制人的攻击等概念也从
来不是如其所显现的那样清楚明晰,很难从道德上赞成或谴责它们。
沃尔泽将战争还原为一种道德问题,从根本上来说对于理解战争所涉
及的社会复杂性是没有意义的。战争并不主要是一个道德问题,战争
并不发生在一个单纯道德化的世界中,而是发生在一个经济的、政治
的、宗教的、种族的、地缘的和文化的利益等相互分歧冲突的世界中。
而这些利益没有一个主要问题是道德上的。有石油还是没有石油,支
持民主还是共产主义,做什叶派还是逊尼派,当塞尔维亚人还是克罗地
亚人,成为占领者还是被占领者,支持还是反对某种生活方式,所有的
这些问题都会对战争产生影响,但是它们都不能被化约为清晰的善恶

道德二元论。沃尔泽认为他的法则能提供一个将非道德区分转化为道德区分的程序，我认为他并没有成功。他要么将这些冲突都忽略了，要么就是将这些冲突也当作道德问题来处理了。这样的话，使得他对战争的分析不那么立体、过于片面。

沃尔泽将战争的复杂性转变为了道德话语，这相当于把战争变成了童话，就像一场发生在受人尊敬的骑士与狡猾的恶人之间的冲突。这种做法对于从理论分析和哲学上理解战争是没有用处的，但是若就在公共场合谈论战争，或者更准确地说在政治领域和大众传媒上谈论战争而言，这种做法则是非常有用的。这一童话式的战争冲突渗透到演讲、电影和电视中，它是让冲突变得普遍起来，成为将世界人为地划分为我们和他们的重要工具。

笔者以为，恐怖主义和正义战争理论之间有很多共性。恐怖主义的一个重要作用，如在阿尔及尔之战中所看到的，明确与放大了无辜者和有罪者之间的区分，非常有意思的是，我们在日常生活中不会去关心这一区分。在和平时期我们不会以道德上的无辜和有罪来审视他人。比如，我个人通常不会从普遍的意义上将人分类为有罪的和无辜的，并继而以此为基础区分为应当被杀死的人和不应被杀死的人。我认为，恐怖主义有着在社会中建立这种反常分别的功能。恐怖主义者试图证明，有的人确实应当被杀掉。他们的行为往往是想要激起更强烈的反应，这样才能让更多的人相信他们的敌人是有罪的。

很可能，大多数阿尔及利亚人并不特别喜欢法国的侵占及其侵占者，但是在恐怖主义之前，他们也不会将法国的侵占及其侵占者视为有罪的、应当被杀死的。一旦阿尔及利亚的民族解放阵线煽动起了法国方面的强势军事行动，会有越来越多的人改变他们对于法国的看法。恐怖主义有着在社会中传播有罪/无辜区别的效果，其将他者变成应受军事打击的目标,以此为枪炮的朝向找好地方。正义战争理论的功能与恐怖主义非常类似,或者至少二者是互补的。正义战争理论引导我们以通常不采用的方式来看待世界,在战争中,如果一个人相信在日常的非道德性基础(everyday amorality)上无法进行非常有效斗争,那么这就是有必要的。军队往往不允许道德愚痴(moral foolishness)的发生,恐怖主义和正义战争理论皆能使我们在道德上聪明起来。

古代道家不太关心道德上的智慧与战争。他们也有意与战争保持距离,目的是为了尽可能保持道德中立。对他们来说,拥有道德上的智慧不是一件好事,过分强调道德表明社会危机已然存在,同时也具有爆发冲突的可能。

在此背景下,我们可能会想到其他的非西方的、非道德的战争行为。战争是美国原住民(印第安人)社会生活的重要组成。袭击其他族群,常常涉及盗马,这在很多部落中经常发生,且被视为男子气概、力量、胆识的表现。暴力和残忍也是很多社群的社会生活的重要组成。我不知道,若依正义战争理论而论,这些暴力的、有时候残忍的行为在何种意义上是正义的。对我而言,正义战争理论似乎并不能解释原住民社会中的情况。尽管缺乏这样的理论以证成其行为,美国原住民中的战争虽然非常残暴,但通常并不会造成非常大的伤亡。拉里·麦克穆特瑞(Larry McMurtry)在关于印第安战士疯马(Crazy Horse)的传记中说道:"我们习惯了两次世界大战乃至美国内战中的大规模杀戮,那么,我们就很难记住:当印第安人与印第安人战斗时,超过三人或四人的死亡都是很少见的。"[1]正义战争叙事在两次世界大战和内战中发挥的作用要远比印第安人部落间的战争更显著,但是这看起来与这些

---

[1]　拉里·麦克穆特瑞:《疯马》(纽约:维京,1999 年),第 95 页。

战争的强度并没有相关性。① 我认为，从历史上看，不论如何来衡量，带有浓厚道德色彩的战争都没有比那些正义战争理论在其中仅起了很小作用的战争要好。显然，相较于道德愚痴（moral foolishness）而言，道德聪明（moral smartness）并没有造就一个更和平的世界。如果你认为你的战争是正义的，那么这一信念会使你在杀敌时更无负担，但如果你以观看暴力性体育运动的视角来看，那么便不会那么容易下手。

像沃尔泽这样的正义战争理论家，暗指他们的道德聪明足以使他们成为中立无倚的人，也即，他们是以道德原则为根据进行论说战争的，他们能够公平地、无偏见地运用原则。然而，在我看来，却全然不是这样的。正义战争理论看起来有着将偏见当作正义的偏见的效果，这无异于将偏见视为持平之见。这种理论无视自身本就具有的偏见。正义战争理论的成立基础是空中楼阁式的幻见，即战争是可以毫无偏见地被发动的，不带有自私的利益，仅仅是为了道德的原因，且采用的是在道德上合法的方式才发动的。正义战争理论实际的功用却是向人或社会编造了一套花言巧语以欺骗他们，使他们相信这是一个现实主义的假定。

在《论战争》中，沃尔泽主张"正义战争理论显然是放之四海皆准的"。他提到了很多战争作为例子（如科索沃战争和阿富汗战争），强调发生在这些地区的战争以及当代其他的战争，解救人的生命的道德诉求在其中发挥了很重要的作用。（作者按：对于那些正义的侵略者来说，当然是如此了。）他还信誓旦旦地说，正义战争理论将越来越使事情导向这样的状态，"在战略上的考虑，不仅是军事上的，而且也同样是道德上的；公民

---

① 在两次世界大战和美国内战中所使用的兵器要远比美国原住民使用的兵器更为强大，这才导致了更高的伤亡率。而且，很明显的一点是，在这些专注于消灭敌人的西方战争中，死亡也要比在印第安人战争中更为普遍。（正如前文所说，印第安人的战争往往是要证明其力量与胆识，而非专注于杀敌。——译注）

的伤亡会降到最低;研发出来的新技术也完全避免或者尽量限制额外的破坏,这些新技术在实现它们的预定目标上是精准有效的"。① 沃尔泽并没有说,事实已然如此,但是他在暗示,"正义战争理论的胜利"会使我们与这一目标越来越近。但是,对我而言,这一点太不清晰了。

当下还有许多大型军事机器与非正义的恐怖主义组织进行斗争的事例。特别是,军事机器还应用了正义战争话语来声称他们关心平民,而恐怖分子则公然袭击无辜平民,以此强调他们与恐怖分子在道德上是不同的。在此处,我想对美国与以色列的军事行动对抗阿富汗、伊拉克和巴勒斯坦地区的恐怖势力作一分析。当然,恐怖分子会攻击平民百姓。但是非常明了的是(不幸的是,要获得精确的数据是非常困难的,我们不得不从新闻中获得相关信息),美国和以色列的军事行动(且越来越多的行动,是由美国机构所雇佣的私人公司实施的)所导致的贫民伤亡的数量远远大于恐怖分子所造成的伤亡。至少在这些冲突中,反恐的正义战士所杀害的平民确实比恐怖分子杀害的平民要多,套用沃尔泽对于恐怖主义的定义,他们这样的做法是蓄意(军队绝对意识到了,平民会在空袭中被杀害)而且随机的(当然,目标的选择绝对不是随意的,但是这对于那些恰好当时就在那个地方的无辜平民来讲没有什么不同)。②

---

① 沃尔泽:《论战争》,第 11—12 页。
② 2007 年 10 月 28 日,那一天,在我写到这的时候,我看了一个哥伦比亚广播公司的新闻节目。一个军衔很高的军队官员,曾参与第二次伊拉克战争,他在一次访谈中解释说,为了攻击一个重要人物(例如,萨达姆·侯赛因和其他领导者),可以接受的平民死亡人数是 29 人。如果有 30 人或更多的平民会死,这次袭击就必须得到美国总统或其他重要的权威人士的授权。这名官员陈述说,在这些他任职期间的袭击中,很可能有 200 多个平民被杀,他们都不是真正的袭击目标。这个新闻节目还播放了一个与阿富汗总统哈米德·卡尔扎伊的访谈,他要求美军停止对于阿富汗村庄的空袭。根据这一节目的报道,有如此多的平民被杀害,美军要比苏联军队在占领期间更被人们憎恨。

同样，吊诡的效果也适用于来分析正义武器的使用，或者用沃尔泽的话来说，"新技术……被设计出来以避免或者限制额外破坏的"。在一篇涉及以色列军事行动的文章中，艾尔·威兹曼（Eyal Weizman）谈及所谓的智能炸弹（与沃尔泽一样，也可以称为道德上的聪明）：很奇怪，它们的使用，"反而造成了更多的平民伤亡，这是因为准确性的错觉给予了军队与政治组织可以在平民地区使用炸弹的必要理由……在加沙地带发生的阿克萨群众起义（the al-Aqsa Intifada）中，每次定向打击中便有两名平民死亡"。① 威兹曼的观察与我的怀疑一致，正义战争理论，在它的实际施行中，用沃尔泽的话来说，根本不是无可置疑的。

沃尔泽的道德体系与战争的现实面貌完全没有关系。他在道德上对智能炸弹的伦理颂扬也是荒谬不经的。智能炸弹并没有使平民伤亡最小化。事实上，智能炸弹却往往会使伤亡增多，它们确实在很大程度上扭转了敌方参战人员与非参战人员的比率。在过去发生的战争中，往往是，士兵死亡的人数要多于平民。而现在的反恐战争中，敌方平民的伤亡已经超过了己方军方人员的伤亡，这其中的一部分原因便是与美国军队及其同盟军使用的技术有关。若根据沃尔泽对于蓄意与随机地杀害非参战者的定义来看的话，那么智能炸弹正在被人以恐怖主义的方式来使用。它们的正式目的——并非隐晦的，很明显——不是减少敌方平民的伤亡，而是减少己方军队的伤亡。事实上，在最近发生的战争中，战争伤亡的急剧减少就是军事技术进步的结果，这使得在地面上作战的士兵越来越少。这就导致"我方军队"极低的死亡率，也使恐怖主义势力无法触及有价值的军事目标——很讽刺，这就使得恐怖主

---

① 威兹曼：《穿墙而行：以色列与巴勒斯坦冲突中作为建筑师的士兵》（Walking through Walls: Soldiers as Architects in the Israeli-Palestinian Conflict），《先锋哲学》（*Radical Philosophy*）第 136 期（2006 年 3/4 月）：第 16 页。

义势力除了进攻平民外,没有其他目标可以打击。故而,智能武器不仅提高了敌方的平民伤亡率,而且间接地导致以色列和西方国家面临着更多的恐怖主义袭击。

我并不是想为恐怖主义作道德的辩护,也不是在反对美国与以色列。我想说的是,沃尔泽的道德观念,一方面将恐怖主义说成是邪恶的,另一方面将以色列发动的针对巴勒斯坦的恐怖主义的战争,或者美国及其同盟在阿富汗地区以及伊拉克发动的恐怖主义的战争描绘成与这些冲突的军事现实毫无关系。沃尔泽纯粹是复述了在大众传媒中日益丰富起来的泛滥的道德辞藻,并用稍微哲学化的语言将它修饰了一番。这些冲突的逻辑以及对于平民的消极影响,并不能从道德化的角度中得到充分的解释。针对恐怖主义的战争确实没有历史先例,它是战争史上的新现象。它遵循的军事逻辑是与当下的经济、政治、地理、科技以及其他因素内在相关的。故而,以道德的维度来论述这些战争就无异于是在讲述一个动听的童话故事——将智能炸弹说成是道德武器。这些战争及其所使用的武器既不是正义的,也不是不正义的;它们是复杂的社会和科技进步的产物,对于它们的分析理应更加精细,而并非如沃尔泽那样简略。

对于沃尔泽那样明确在道德化意义上使用正义这个词的做法,我感到担忧。我认为,这会导致上文所谈到的问题。我主张的是,将法律与道德区分开来,这同样适用于战争。然而,考虑到大众传媒在当代战争中所发挥的重要作用,而战争中的法律事宜退居幕后,就不足为怪了。政治家与将领必须在电视上为他们的战争辩护,好莱坞的电影也重在反映战争的道德方面而非法律方面。在大众传媒中产生的正义/非正义的战争图景当然主要是一幅道德上正义/非正义的战争图景,而非法律上的。大众传媒往往倾向于道德化地谈说战争,而非在法律意义上来谈说。考虑到当今世界大众传媒的社会普及性，将一场战争贴上道德的标签，要远比贴上合法的标签更能起效用。我想说，这正是为何沃尔泽要谈论正义战争理论之胜利的原因。这一胜利实际上是在大众传媒中的道德话语之于法律话语之上的胜利。这不是一场更人道的战争的胜利，而是大众传媒中独特语言的胜利。

乔治·布什与托尼·布莱尔明确将伊拉克战争称为在道德上是正义的、必要的，这种道德论证被描述为是比合法性论证更为重要的。当代美国发动的战争已经违背了《日内瓦公约》中所规定的许多关于战争的条款。布什与布莱尔的正义战争理论与沃尔泽并非完全相合，但是为了掩盖其战争的不合法性，他们也同样给战争盖上了正义战争理论的华丽面纱。对于政治家、军队以及宗教的领袖来说，正义战争理论是颇受欢迎的，他们通过此可以将法律词汇中的正当性与合法性转变成道德意义上的正当，然后在电视上讲述关于战争的道德童话。道德上正当的战争，直接针对的是其所宣称的无法计量的恶，如果这样的话，怎样说与做都可以了。战争的法则也可以正当地被忽略。在我们的社会中，正义战争是一个在大众传媒的虚拟道德性中产生的交流式建构。然而，也正因为这种道德的狂欢，它就显得不再可信。我们中的很多人已经不再相信童话。

第十二章

伦理与大众传媒

　　尼古拉斯·卢曼在《大众传媒的真实性》(*The Reality of the Mass Media*)的开首便以浮夸的口吻说道:"无论是对我们生活的社会还是世界,了解多少,都是通过大众传媒。"①当然,事实并非如此。例如,我们可以通过我们的父母而了解很多事情,而不是通过大众传媒;很多人知道如何修剪草坪,但这也不是通过看电视或者阅读《草坪修理指南》(*Lawn Mowing for Dummies*)而习得的。卢曼使用了"我们""我们的"这样的词语,其所指不是我们这一个个体,而是指我们作为一个社会而言。我们所有人所知道的关于我们所共在的这个世界的一切,都是通过大众传媒。我们了解政治与体育,知晓电影与明天的天气,知道各种产品与品牌,都是通过网络、电视、报纸等媒介。关于政治、天气与品牌的这些知识,不是个体的知识,而是公共性的。它们都是在这个社会上人们应当知道的知识。通常情况下,我们理应知晓美国总统的名字,知道布拉德·皮特(Brad Pitt)是谁,甚至知晓这个周末是否会下

---

① 尼古拉斯·卢曼:《大众传媒的真实性》(斯坦福,斯坦福大学出版社,2000年),第1页。

雨，这也都是我们应当会知道的。就是这些构成了我们的社会，而这些也正是我们所认为的，可以和其他人谈论的话题。用卢曼的话来说，这些事情是"众所周知的"。① 社会（不是教堂，也不是学校）上没有其他的渠道可以告知我们这类公共性知识，或者更彻底地说，让我们知道我们都共同享有的这个世界。我们有着不同的父母亲，有着不同的背景，但是我们却有着共同的总统、电影明星还有天气。

我们也有着共同的——在这一章中我以某种非常特殊的方式所要探究的——道德与伦理，也正如卢曼所言，这也是我们通过大众传媒而知道的。在我们（西方）社会中，被视为我们的（在公共的意义上，而非个体的意义上）事物都是通过大众传媒而为我们所知的，这其中包括伦理知识。作为个体，我们可以从父母那里、从我们所去的教堂中，或者在我们所读大学的伦理学历史课程中，学习到美德。但是我们作为个体所知晓的这种特定的道德（例如，末世圣徒教会或者康德所说的）却未必是人所共知的。可能会有一些个别人认为同性恋应当被判处死刑，或者奴隶制应该被恢复，但是很少有人会公开地表达这类观点，因为大家都知道，这样的观点在我们的社会中是不道德的（unethical）。不论是教堂还是学校，抑或家庭，都无法像大众传媒那样通过大众化和普遍化方式使伦理道德成为人所共知的东西。大众传媒在作为道德得以蔓延增生（proliferation）的媒介发挥着作用。② 我们在日常生活甚至

① 尼古拉斯·卢曼：《大众传媒的真实性》，第 20 页。
② 此处需要强调的是，当我认为大众传媒在社会中的作用显而易见的时候，是在社会学的意义上说，大众传媒是伦理观念、道德法则增生的途径，我也认为大众传媒作品（如电影和书籍）的审美价值与其道德内容没有特别的联系。在电视上播放的、剧场中放映的或者是从网络上下载的大多数电影，都在我们社会中道德的增生过程中发挥了作用。但是在笔者看来，使一部好电影成为一个美的东西，绝对不是从其所含的道德信息中抽绎出来的（参看第五章）。书籍和电影有着使道德增生的社会效用，但是它们的美学价值并不与这种效用相关。不能将大众传媒产品的审美价值与其社会功能相混淆。

每个时辰中，也是通过新闻、电影以及广告，知道什么是合乎道德的，什么是不合乎的。

例如，我们知道同性恋在我们的社会中是可以从道德上被接受的，因为政客即使反对同性婚姻，但他们也会对自己的同性恋女儿表达爱意，这会被大众传媒加以赞扬。我们也会看到以男同性恋牛仔作为男主角的电影，我们也会在广告中看到一对同性恋伴侣在为一款特别的手机的价格雀跃。尽管我们的父母、摩门教抑或是康德告诉我们同性恋是错的、恶的，但这显然都与我们在公共意义上的道德不符。

细心的读者会认为我的论述已经自相矛盾了。以上所说，主要是出于道德的立场，美国大选中各个州的大多数人都不会反对同性婚姻。这些选举者不看电视吗？他们没有意识到公共意义上的道德已经接受了同性恋？当然，他们当然会看，也当然意识到了。但是，美国媒体以这样的一种方式来展现同性婚姻事件，美国副总统迪克·切尼（Dick Cheney）是极佳的例子，虽然他反对同性婚姻（因而对于基督教的教旨比较同情），但他仍然不公开表示自己对于同性恋的恐惧以及认为同性恋的不道德。这样的立场为大众传媒所支持和认同。在美国，没有人需要为投票反对同性婚姻而感到羞愧。大众媒体已经证明了这种既不反对男、女同性恋但是又反对同性恋者步入婚姻殿堂的吊诡态度。

这一例子就表明了社会伦理学的一个重大转变。在大众传媒时代未到来之前，我们的道德品性，在公共与普遍的意义上，是为宗教所赋予的，与宗教教义、家庭有密切关系。《圣经》和其他的宗教经典是我们伦理价值观念的主要来源。这种形势必然会导向相对稳定的道德。几个世纪以来，《圣经》或多或少都是一样的，尽管对其诠释在不断变化，但是道德变迁的速度与范围仍然有较大的局限。要生产印制和分发大量的《圣经》文本是不可能的，一天 24 小时、一周 7 天散播道德观念的技术手段也不存在。而且，在欧洲罗马教廷强烈的中央集权倾向或多或少地使得道德权威的建立成为可能。

随着大众传媒的出现，一切都改变了。首先是印刷物（书籍与报纸）的广泛流传，然后是收音机、电影和电视，而现在则是互联网。随着新型媒体的出现，公共伦理不断变迁，特别是变迁的速率越来越高。新闻、广告和娱乐项目，都呈现出日新月异的变化，每一刻都是崭新的。而《圣经》则显然不是这样，甚至就罗马教皇的公报而言，也仅仅是偶尔才发布一次。大众传媒不断更新，意味着我们也必须不断刷新大众传媒才能获得最新的资讯。如果我们半年时间才读一次报纸，那是跟不上新闻的更新的。每天都会有新电影和新电视节目。体育赛事的结果也像天气一样，每天变一次。如果社会伦理道德是由大众传媒所扩散的，那么伦理学至此也服从于不断地变化，也需要不断更新了。大众传媒对我们所处社会的伦理观念来说，就是青春之泉。①

教皇和天主教堂，以及其他绝大多数的教堂与宗教，很难改变其道德问题上的立场（这种道德问题在北美最著名的例子便是有关于天主教堂以及很多新教教堂对于堕胎、避孕以及同性恋问题的认识）。对于他们来说，要遵循不断变化的大众传媒是不可能的，即使他们像北美的情况那样，不断地亮相于电视上（电视福音传道）或者是网络上，那也是不可能的。如果他们追随了大众媒体的脚步，就意味着他们基本上要否定他们所敬畏的《圣经》和神学传统。教堂倾向于肯定，他们获得的伦理道德观念是源于更高的、永恒的来源（如康德与其他道德哲学家所宣称的，从普遍理性那里获得伦理观念），这就使他们自身不会有太大的变化。鉴于宗教与大众传媒对于道德观念的生产与次级的衍生之间

---

① 见卢曼：《大众传媒的真实性》，第 80 页，其中有类似的评述。

有着实质上的社会性差别，那么这二者伦理道德观念步履不一致，就丝毫不会让人惊讶了。教堂不能适应媒体变化的速率，媒体没有时间等待宗教的苦苦追赶。这就是为何当我们将频道调到《欲望都市》(*Sex and the City*)时，会觉得电视布道家与此显得如此格格不入。同样地，我认为对于道德哲学来说也是如此。哲学伦理学在大众传媒时代很难有机会大显身手。很难想象，在现今的社会，我们所要知道的道德会由《纯粹理性批判》来决定，而不是由电视、电影和互联网来决定。

电视布道家，以吊诡的方式，既参与了大众传媒对于道德的传播，但同时又没有参与。他们所宣讲的是高度道德化的，但是由于其伦理学难以折中的原教旨主义，下一个节目一上来就会直接打脸。原教旨主义的电视布道家宣称所揭示的是（几乎）毫不含糊、非常清晰的伦理学，而大众传媒上的其他所有节目则表明的是，我们的道德，在公共意义上，根本不是截然清晰的。也许可以设想，大众传媒可以被某种电视布道传播取代（如在阿富汗的塔利班政权治理下的情况），但是幸运的是，我敢说目前的大众传媒发生这种情况的概率微乎其微。

正如我一再所强调的，服从于大众传媒所衍生的道德的我们，绝非单纯是一个个个体道德信念的组合。相反，这与公共意见非常接近，或者用历史上的一个词来表示，就是所谓的"公意"(*volonté générale*)——非个人性的，更重要的是，不准确的、不可定义的、不断变更的为社会所接受的事物组成的光谱。在此意义上，我们的道德并不反映任何个体化的道德信念；毋宁说它是一种可能的伦理视域。这个视域包括了某些原教旨主义者的观点（例如，电视布道家的观点），但是吊诡的是，同时也排除了这些原教旨主义者的观点，因为他们将自身局限于这个视域中的一个极端狭小的角落中。因此，他们的观点不能被视为真正代表我们的道德或公共意见。他们处在我们道德的边缘，还能够发挥一定的道德影响，但是，因为大众传媒的铺天盖地，他们无法以他们所希望的方式去定义或决定社会道德。

与《圣经》不同，大众传媒的文本包括了新闻、娱乐、广告等，它们都是自生自灭的，一旦产生又很快被新的新闻、娱乐和广告取代，必然意味着我们的道德在事实上也不断变更。共时性地看，大众传媒文本中所蕴含的道德是由非常多样化的、往往甚至相互冲突的观点所组成的；历时性地看，又是极为不稳定的。一个典型的例子就是性伦理。在 20 世纪 50 年代的大众传媒产品中，几乎找不到任何关于同性恋伴侣和非婚生子女的痕迹，如果出现，那么会被视为不合那个时代道德的典型。（他们可能会得到同情，但仍然是道德上的弃儿。）显然现在已经不再是这种情况，同性恋者或者单身妈妈虽然仍会被视为社会问题，但是他（她）们不再被看作道德上有缺陷的人。如果他（她）们身陷道德谴责之中，那么这种谴责自身也会被隐性地谴责为不道德的。今天，要在大众传媒中找到一部在道德上反对同性恋或单身妈妈的好莱坞电影，基本是不可能的。

在未来不论何时，也很难想象会有一部好莱坞电影，认为儿童色情文学或者成年人与未成年人之间的同性恋关系（就像古希腊那样）是可以接受的、在伦理上是正确的。与此类似，很多社会曾实行的一夫多妻或者一妻多夫制，也不可能再成为电视节目中道德卓越的典范。

但是，考虑到大众传媒系统富于变化，故而是否会再变以及何时会变仍然是不可预知的。在大众传媒中不存在一种伦理根基，可以防止我们当下的伦理观念会再次转变为在未来认同一夫多妻或一妻多夫，或者转变为赞同成年人与未成年人之间的性关系。类似地，也不能保证，同性恋或者非婚生子女不会在未来不再被人指责。这些情况今天看似不可能，但是当下大众传媒关于性的伦理观念在 20 世纪 50 年代时看起来也是极不可能的事情。

　　另一个重要的社会性事实（在我看来确实是事实）是，大众传媒已经取代教堂和家庭，成为社会上道德观念增生扩散的媒介，我们不能再说大众传媒是道德观的来源（如教堂和电视布道者对其自身的看法），或者相反，说大众传媒仅仅是反映了公众意见（如将大众传媒视为公民社会的新形式的自由主义辩护者所认为的那样）。通过大众传媒对我们伦理道德观念的建构并不是一种简单的单向的机制。大众传媒所扮演的既不是将道德观念强加于社会这样一种积极主动的角色，也不是对人群发声的大容量扩音器这样一种消极被动的角色。在我看来，这两种都是单向的模型，除此之外，简单的因果模式也不足以理解我们的公共道德观念是如何被建构的。这种建构是一个复杂的双向反馈过程。

　　我认为，这一反馈过程是类似于中国人民伟大的领袖毛泽东在一个多世纪之前所提出的宣传机制：

　　　　在我党的一切实际工作中，凡属正确的领导，必须是从群众中来，到群众中去。这就是说，将群众的意见（分散的无系统的意见）集中起来（经过研究，化为集中的系统的意见），又到群众中去作宣传解释，化为群众的意见，使群众坚持下去，见之于行动，并在群众行动中考验这些意见是否正确。然后再从群众中集中起来，再到群众中坚持下去。如此无限循环，一次比一次地更正确、更生动、更丰富。[1]

---

[1] 引自《关于领导方法的若干问题》这篇文章。根据《毛泽东选集》的官方版本，这篇文章是毛泽东为中国共产党中央委员会所写，时间是 1943 年 6 月 1 日，见《毛泽东选集》，北京：人民出版社，1951—1961 年，第 3 卷，第 854 页。此处的英文翻译，我采纳了《毛泽东的政治思想》（*The Political Thought of Mao Tse-tung*）（纽约：Praeger，1969 年），第 316—317 页。关于这篇文字的完整英译，见北京外文出版社的英译《毛泽东选集》，1964 年，第 3 卷，第 117—122 页。

对于大众传媒中道德观念的系统化，我有着深深的怀疑，我不认为经过大众传媒的道德观念就变得更加正确、更加有活力或者更丰富。大众传媒要比一个政党更为复杂，但又没明确的阶层属性。但是，我认为毛泽东分析的核心是，大众传媒中的伦理观念是从群众中来到群众中去，也即不是单向的，而是一个自我繁衍和自我生产与再生产的社会过程。大众（即社会）将这些伦理观念作为他们自己的观念，并将其付诸实践，从而又反馈于大众传媒，一遍又一遍，这是一个无限的循环。

这意味着，在大众传媒的时代，伦理观念在广泛意义上既不是极权式的也不是民主式的。它既不是单纯强加于社会，也不是单纯源于民众。用卢曼的话说，我们可以将毛泽东所说的无限循环视为结构耦合机制。大众传媒不是一个党，社会也不是人民（或群众），但是大众传媒和社会是在一个回环中紧密相联系的。大众传媒直观地反映了在政治、宗教、体育、经济、医疗以及其他社会系统中什么被视为道德上好的和坏的，同时，这些社会系统通过观察大众传媒来了解社会上的伦理观念。大众传媒能使所有的这些组成社会的诸多系统之间相互刺激或干扰。通过大众传媒，所有的社会系统不断地曝光在社会伦理观念的光谱之下，并不得不对此作出进一步回应。通过大众传媒，宗教系统才意识到私人亲密关系领域的性伦理观念的变化（人们不再持有婚前不能有性行为的观念），然后通过大众传媒作出"回应"（希望存续传统家庭的观念）。与此同时，政治系统意识到了宗教对于这些变化的"回应"（reaction），其自身也不得不作出回应（提出关于如何处理单身妈妈等问题的政治建议）。我之所以将"回应"加上引号，是因为这些系统并不是以线性的顺序直接作出回应，它们其实是同时在彼此之间互相感应（resonate）的。一个系统中发生的并不先在于另一个系统所发生的，所有的系统是同时在运行的。这就形成了一个复杂的反馈机制，在此机制中,并没有一个单一的系统(包括大众传媒系统本身在内)是源头或者是道德观念的接受者。大众传媒的伦理观念,就是我们的伦理观念,既不为任何道德权威所产生,也不是由社会大众的道德共识产生的结果,而是所有社会系统之间的复杂关联和共振而形成的效果。大众传媒也是这些系统中的一个,同时也是促使这种效果形成的一个媒介或构成因素。作为媒介,由于大众传媒具有不断更新信息的需求,这就加速了道德观念的社会生产,也因为其具有的全球化无所不在的属性,大众传媒也促进了道德观念的空间扩张。但是,大众传媒也仍然参与了道德观念的形塑,它们并不是客观如实地反映其他系统的伦理观念,而是以它们自己的方式来反映。和其他所有系统一样,大众传媒有其自身的处理道德话语的方式,因此它们并不是中立地反映社会中其他系统的道德评价或道德观念,而是基于其自身的功能,来选择对于它们来说有意义的方面来反映。

再次援引尼古拉斯·卢曼的术语来说,我强调大众传媒的两个主要选择标准,在我看来,这两个标准极大地形塑了现代伦理观念的特点,而此特点即是冲突(conflict)和丑闻(scandal)。①

冲突似乎是大众传媒特别感兴趣的对象。当两个国家打仗(不论是实战还是冷战),那么相对于其他国家之间的和谐关系而论,打仗无疑更具有新闻价值。听到美国和加拿大说他们不同意什么比听到他们说同意什么更有趣。类似地,绝大多数的娱乐节目都聚焦于冲突,如恋人之间的冲突,警察和罪犯之间的冲突,起诉和辩护之间的冲突,或者洋基队与红雀队之间的冲突。这些冲突通常或者至少部分地也是道德冲突。或许,大众传媒中的道德观念暧昧不清的原因就在于,大众传媒

---

① 参看卢曼:《大众传媒的真实性》,第28—29页。

更感兴趣于展现道德冲突，而不是去展现人们的道德共识。不论是新闻，还是娱乐节目(广告在一定程度上也是)都是如此。而解决这些冲突也不是大众传媒的兴趣所在，因为一旦冲突解决就意味着节目无法再继续。即使是在福克斯新闻(FOX News)中也不存在绝对的道德共识或政治共识，在《欲望都市》电视剧中也未展现终极的道德解决方案。虽然有个别节目会在好与坏之间作清晰的区分，但是作为一个整体——大众传媒并不这样做。① 有相当多电影里的坏人比好人更有趣[如电子游戏《侠盗猎车手》(Grand Theft Auto)]，甚至有时候电影里的好人在道德上也是暧昧不清的[想想克林特·伊斯特伍德(Clint Eastwood)即可知]。

另一方面，电视布道者想要提出最终的(道德)评判，这使其显得更像是广告，而不是新闻或娱乐节目，因而也比后者要显得更枯燥无味。这些牧师总是发布同样的(道德)产品，试图去除人们对于其内在质量，以及其竞争对手是处在绝对劣势的所有可能的质疑。电视布道节目在道德上的文化单一特点，使得其对于很多人而言，显得老调重弹，因而不愿意观看。

大众传媒的第二个选择标准是与道德观念的产生直接相关的，此即丑闻。相对而言，丑闻显然比不是丑闻的内容更易获得较长的播放时段(新闻和娱乐节目也是如此)。丑闻违反了道德规范，但不一定违反法律，也正是这一点使其要比法律上的过失更加有趣，可以受到很强的道德指控。1990 年代有一个著名的媒体道德观(media-morality)丑闻便是克林顿与莱文斯基事件。总统和其办公室的一个工作人员口交，这显然并非显而易见不合法的，但是却显然是令人可耻的

① 参看第五章关于好和坏的讨论。

(scandalous)，因为其中有着道德方面的内涵。即使事实上总统撒了谎，这也不被视为一个单纯的法律事件，而是被当成一个引起道德愤怒的事件——在所有人中，是总统先生撒了谎。

大众传媒被可耻的事情高度吸引，正是因为伴随这种事情的是道德愤怒。丑闻令人激动，是因为丑闻使高浓度的道德观念成为可能。这或许意味着，电视布道者也会令人激动。我认为，丑闻和电视布道二者对于道德观念的关注有所不同，前者重在娱乐性，而后者则非。我们可以拿克林顿和莱文斯基的丑闻开玩笑，但是我们不愿拿上帝开玩笑。与电视布道的严肃道德观念不同，丑闻并不是那样严肃，它暧昧不清，有时甚至是讽刺性的。用米哈伊尔·巴赫金（Mikhail Bakhtin）创造的词来说，是"狂欢性的"（carnivalistic）。巴赫金的这个词源于欧洲的狂欢节（carnival）传统。在狂欢节期间，人们会拿贵族和神职人员取乐，此时高贵与低贱、礼貌与无礼全都反转了。在滑稽的闹剧中，受人尊敬的却受到嘲笑，卑贱的则受到推崇。显然，电视布道的道德并不允许这种狂欢的存在，你不应该赞美恶魔或者取笑上帝。而丑闻则是以狂欢的方式发挥作用，总统、名流、爱达荷州的议员，甚至是伟大的道德化电视布道者本人都变成了笑料。丑闻揭示了道德观念的暧昧性，它让罪人在圣徒的罪恶中欢欣，它没有增强道德观念，反而使我们反讽性地从伦理道德那里游离开来。

因此，丑闻是对道德观念的嘲弄，在某种意义上，它是翻转了的道德。媒体对于克林顿所做事情的愤怒并不是关于一个人不道德的真实愤怒的反映。更确切地说，曝光他的道德败坏是件有意思的事。我认为，在性伦理观念暧昧含混的时代，并不会真的对他的行为愤怒。相反，这一媒体奇观，是一场狂欢式的愤怒，嘉年华式的狂暴。如许多观察家所评论的那样，就是一场道德闹剧。当然，对于总统的支持者而言，这非常的不幸，在政治上是致命的。尽管如此，这仍主要是一场道德闹剧。

丑闻，披上狂欢式的大众传媒道德观念的外衣，成为了一个强大的工具。它可以在社会上轻易地摧毁目标，它可以剥夺他们的权力，可以掠夺他们的钱财，可以脱下祭司的长袍。但是，丑闻仍然始终是娱乐性的，否则它就不足以称之为丑闻。丑闻的受害者常常试图通过道歉或者寻找借口以减轻丑闻的影响，但是这样做于事无补，它已经成为了一个丑闻。丑闻的核心是这样一个事实，即丑闻是一种大众传媒现象，道德观念成了一个娱乐场景[我们可能会想到脱口秀节目如《杰里·斯普林格》（*Jerry Springer*）脱口秀或者真人秀《出轨者》（*Cheaters*）]、一场狂欢。丑闻蕴含的道德是未被人严肃对待的道德，或者说是讽刺性的道德，是欢乐的愤怒。

那么，从大众传媒与道德观念的密切关联中可以得出什么结论呢？在一个我们的眼睛与屏幕紧密黏连在一起的世界，伦理观念发生了什么变化呢？我想，卢曼是正确的，他说我们所知道的关于这个世界的一切都是通过大众传媒获悉的，在同样的意义上，我们所知道的关于伦理观念的一切都是通过大众传媒获悉的。依此理解，大众传媒可以被视为超道德的（supermoral）。没有任何其他系统，能够像大众传媒一样，在社会层面上对于流通道德起到如此有效的作用。政治家如乔治·布什对此理解得非常到位。如果他们要建立善/恶的分别（这样做当然是为了让自身被视为善），只能通过大众传媒。但是同时，大众传媒并不赋予政治家以绝对的道德评判，而是导向冲突，这就对注重道德的政治家（和电视布道者）构成了一个巨大的无法克服的危机。是的，我们都是通过大众传媒知道"邪恶轴心"，而那些认为乔治·布什是好人的人也是通过同样的渠道知道他是好人。然而，今天越来越多的人（尤其是在欧洲和中东地区)认为布什不是好人,或者认为他是非常邪恶的,当然他们也是通过大众传媒得知的。大众传媒的道德力量对于想要利用它的人来说,会很容易产生事与愿违、弄巧成拙的效果。

大众传媒并不控制道德观念,它们推衍增生道德观念,大众传媒的本性是将其自身非道德化(amoral)。对大众传媒来说,什么被视为道德的、什么是不道德的,这并不要紧。大众传媒乐于展示任何道德观念,只要这是公众的道德观念。大众传媒的道德观念是非原教旨主义的、不明确的、非静态的道德观念。这并不是说任何事物都可以在大众传媒中出现,因为道德上可以被接受的事物,其范围一定是有界限的(儿童色情文学、恐怖主义,等等),有很多东西在大众传媒中都是无法在道德上接受的。但是这些界限是可变的,在很大程度上有着模糊性。很可能只要存在大众传媒的道德观念,就会有这种界限,但是这些界限是不稳定的,也不可预测。

在笔者看来,或许大众传媒最有趣和令人兴奋的方面是其狂欢式的取向。大众传媒的道德观念没有清晰的基础,没有严格的规则,没有任何的绝对律令。大众传媒拥有颇具颠覆性的力量,对于普遍的道德观念的建立并无助益。它导向的是令人可耻的丑闻,而丑闻是没有道德原则的、无情的娱乐。这就是电视布道者和乔治·布什必须得忍受的东西。电视与其他媒体是他们进行道德操演的唯一场域,但这个场域并不是以允许他们主宰的方式来发挥影响。与此相似,道德哲学也将不得不接受:公众道德观念无法通过大学课堂或者学术出版物来建立。只要是所有我们知道的道德观念的一切都来源于大众传媒,那么道德哲学家、宗教原教旨主义者和煽动民心的政客便注定不会在其位上有所成就。

此处我不想被人误解,我并不是在暗示大众传媒使得伦理道德民主化了，或者它们引导了某种伦理道德的进步。大众传媒的道德观念是虚构的道德观念（virtual morality），它和个体的道德信念并不相连，它并不为人代言，它毋宁是特定社会系统的一种特殊的交流形式造成的结果。大众传媒在全球范围内产生和扩散道德观念，但大众传媒也颠覆了道德观念。大众传媒没有道德信念，它们本身天然是非道德化的，而且缠结于浅层的且相互矛盾的道德沟通的——无限的、无意义的而又无目的的——旋涡之中。在这个意义上，大众传媒以非常吊诡的方式、暧昧含混的方式在发挥作用：虽然它们日复一日地在很大范围内用道德话语把社会覆盖住，但它们也在不断地削弱这种话语的可信度；它们维持、扩散和促进道德的交流，但是也同时使道德狂欢化和去本质化（desubstantiate）。大众传媒在道德上确实是相当愚蠢的（foolish）。

结语：实用的非道德

在结语部分，我的首要用意是尽量简洁地概括我的主要论证，其次是希望通过再次指出我想要表达的是什么、不是什么，以此避免不必要的误解。

我们今天身处于虚拟的世界中，我们所知道的一切——这里的"我们"是指我们所有人——都是通过大众传媒，而非直接亲身获知的。道德原则也是如此，道德原则实际上就是虚拟的原则。道德观念也正是通过大众传媒的传播而增生扩散的；我们主要是通过看视频或者阅读报纸而获知道德观念。因此，道德是交流的一种方式，而不是内在于个体或行为中的事物。在大众传媒中展现出来的虚拟道德一方面非常流行，我们几乎每天甚至是每个小时都会与之邂逅；另一方面，虚拟道德变成了某种狂欢。并不存在单一的或被普遍接受的道德典范。道德观念就像是一个长了上千个脑袋的魔鬼。你砍掉一个，结果它又长出更多的脑袋。虚拟道德占据统治地位，但是它没有同一的形象，而是处在不断变化之中。

道德是一种交流分解的形式，它将事物简单化。例如，道德使发动战争变得更加简化，通过建立区分什么人是该杀的和什么人是不该杀的清晰标准，以此作为发动武器的指南。通过让我们相信我们做了我们应做的，道德把我们的生活简化了，因为我们做的是道德上正确的事情。但是现实远比这复杂。我坚信，甚至在一些我们不得不作出非常艰难决定的事情上，如堕胎、欺骗伴侣，我们通常并不是单独基于道德的原因而作决定，或者对这些事情给予主要是伦理道德化的解决。生活太繁杂，根本无法化约为道德的。我们很可能会跟自己说我们所做的要么是符合道德的，要么是违背道德的，但这是自欺。我们认为是正确的事情对于我们来说也基本不是纯粹道德意义上正确的事情，这没有什么错。我也看不到，将现实化约为道德对我们有什么益处。

在日常的情景中，也很少需要纯粹道德。当我们去上学或上班工作时，当我们听音乐或者喝杯饮料时，当我们下厨或睡觉时，我们并不都以道德的模式在做这些事情。生活的主要成分并不是道德。甚至写作或读书也主要是非道德的事物。对道德观念进行思考既不是道德的，也并非不道德的。是的，我们生活在一个虚拟道德原则的世界中，这个世界充满着道德考量，但是这并不意味着我们生活在一个有真实道德原则的世界中。道德的吊诡之一在于它是如此地泛滥，但同时它又是非必要的：就像电视一样。

在笔者看来，道德存在着特定的危险，它倾向于简化和两极化，这使其在社会冲突——不论暴力的或者非暴力的——中被视为有效解决冲突的工具。特别是在暴力冲突中，例如对于战争总是伴随着高度的道德交流。道德交流的相对缺乏与社会的相对无序并非直接相关的，道德交流的充盈也并不意味着会造就一个相对和平的社会。我也并未看到，道德交流的增强能使得一个社会或个人在可经验的意义上变得"更好"。

当然，道德不是好的，也不是恶的。从非道德的视角看，没有任何东西在绝对意义上是好的或者邪恶的。正如维特根斯坦在其"关于伦理学的演讲"中所说，在世界上不存在通往某个地方的"正确路线"（right way）。① 通往伦敦的好的路线是我们出于多种理由在特定的时间下确定的：这条路线可能比较快、舒适、经济上实惠，或者这条路线沿途有着最令人赏心悦目的美景。在同样的意义上，也不存在绝对的公正或者任何其他伦理价值。我们或多或少可以在非道德的意义上使用"好""坏"这两个词，也可依同样的方式，将道德交流的运用称作好或者坏。我们可以说，道德话语的使用在这种意义上是好的或在那种意义上是坏的，但不必说道德观念是绝对的好或者绝对的坏。事实上，我们可以遵循维特根斯坦的话说，"好"和"恶"两个词在绝对意义上的道德化运用再现了语言的危险化使用。这意味着，这些词语有着某种绝对的意义，而这种意义又无法为人所理解。如果你说某个事物在绝对意义上是好的或者恶的，那么其实你是在哄骗自己你知道了一些不能被认识的事物。

正如尼古拉斯·卢曼所说，道德在社会中的功能，与人类身体中细菌的功能有些类似。因此，一个人应当对道德保持警惕，"只有戴着手套使用无菌的仪器才敢去触碰它"，因为它是"有着高度传染性的物质"。② 细菌并不在绝对意义上是好的或坏的，细菌是身体机能的自然组成部分和方面，但一旦失控它们又是危险的。虽然完全成为道家思想家所刻画的道德愚人并不可能也不可取，但是我想，成为一个并不完

---

① 关于更多维特根斯坦的演讲，可参见本书导言。
② 尼古拉斯·卢曼：《作为道德镜像的伦理》（Ethik als Reflexionstheorie der Moral），载卢曼：《社会结构与语义学：现代社会的知识社会学研究》（*Gesellschaftsstruktur und Semantik: Studien zur Wissenssoziologie der modernen Gesellschaft*，Band 3）（Frankfurt/Main：Suhrkamp，1933 年），第359 页。

善的人是可能的、自然的，也是有益于身心的，这种不完善的人是指：一个人在绝大多数时间中并不真的认为自己确实知道什么才是真正的好、真正的坏，一个人并不在绝对的意义上使用好、坏这样的词语。也许没有道德细菌我们无法生活，但是我们要自觉地对此加以审视和反省。

　　应用伦理学现在非常走俏，因此，笔者以一个如何应用道德愚人的消极伦理学之具体建议作结尾：我要求那些饱含高度道德色彩的公共广播和演出，尤其是某些好莱坞电影、电视节目和新闻报道，还有政客的电视演讲或辩论，必须包含一个警告，就像人们可以在香烟包装盒上看到的："本产品充满了道德，因而有可能导致个人和社会健康的受损。"最起码，为了保护未成年人，应该有一个能够告诉未成年人父母的——每一个节目是如何被道德侵染的——评分系统。至于福音传道电视节目，我则建议给予 HE(highly ethical 的缩写，指高度道德化)的评级，这个评级意味着，对于所有的尚未达到法定饮酒年龄的人来说，观看此类节目都是不合法的。